英国城市设计与城市复兴：典例与借鉴

British Urban Design and Urban Renaissance: Exemplars and Lessons

杨 震　周怡薇　于丹阳　著

重庆大学出版社

图书在版编目（CIP）数据

英国城市设计与城市复兴：典例与借鉴 / 杨震，周
怡薇，于丹阳著. --重庆：重庆大学出版社，2021.1
ISBN 978-7-5689-1775-9

Ⅰ.①英…　Ⅱ.①杨…　②周…　③于…　Ⅲ.①城市规
划—城市史—英国　Ⅳ.①TU984.561

中国版本图书馆CIP数据核字（2019）第183403号

英国城市设计与城市复兴：典例与借鉴
YINGGUO CHENGSHI SHEJI YU CHENGSHI FUXING：DIANLI YU JIEJIAN

杨　震　周怡薇　于丹阳　著

策划编辑：张　婷
责任编辑：杨　敬　许红梅
版式设计：张　婷
责任校对：王　倩
责任印制：赵　晟

重庆大学出版社出版发行
出版人：饶帮华
社址：重庆市沙坪坝区大学城西路21号
邮编：401331
网址：http://www.cqup.com.cn
印刷：重庆长虹印务有限公司

开本：787mm×1092mm　1/16　印张：13　字数：335千字
2021年1月第1版　　2021年1月第1次印刷
ISBN 978-7-5689-1775-9　定价：98.00元

前 言

　　2005—2009 年，笔者在英国卡迪夫大学的城市与区域规划学院（School of City and Regional Planning, Cardiff University）攻读博士。学院的整体研究能力在英国首屈一指，连续多年在英国高等教育基金委员会的 RAE（Research Assessment Exercise）评比中占据第一。关于城市复兴的议题，是学院很多学者钻研的对象。笔者的博士导师约翰·庞特（John Punter），在城市设计领域的造诣很深。在他的指导和影响下，笔者对城市设计与城市复兴的关联产生了较大兴趣，系统地阅读了该领域内的英文文献，并利用求学之便，游览了许多英国城市设计与城市复兴的典型城市：伦敦、曼彻斯特、利物浦、伯明翰、布里斯托、爱丁堡……其中最熟悉的，除了卡迪夫之外，就是伦敦——前后去探寻、考察当地的城市场所十几次。在此过程中，笔者搜集了很多有意思的资料，做了一些文字记录。在 2007 年，基于当时的研究认知，笔者写了一篇文章《城市设计在城市复兴中的实践策略》，发表于中文期刊《国际城市规划》。

　　笔者毕业回国后，陆续参与、主持了许多城市设计实践及研究项目。在近几年时间里，笔者有一个强烈的感受：中国城市发展的主导范式在快速地从增量扩张向存量更新转换；而如何运用城市设计的策略与方法，来有效促进城市更新乃至复兴，正成为一个受到广泛关注的议题。表现在实践层面，是越来越多更新类型的城市设计项目的涌现；在研究层面，则是大量剖析先进与发达国家复兴历史的参照性研究和基于本土更新实践的建构性研究并重。笔者延续着对英国的观察，又写成一些论文，尝试对英国城市设计与城市复兴的历史脉络及总体框架进行分析，陆续发表在《建筑师》《城市规划学刊》《规划师》等期刊上。2016 年夏季，笔者短暂访问英国，在重游故地及拜访师友之外，更有意识地参观了一些新涌现的城市复兴的热点区域，如本书中述及的利物浦滨水区及伦敦泰晤士河南岸，由此对城市设计与城市复兴的互动影响有了更新的认识。此后，笔者产生了一个想法：何不对英国城市设计与城市复兴的典型案例进行系统性的总结与阐述，形成一些对当前中国城市更新工作有价值的借鉴？

　　2016 年 11 月，笔者在一次学术会议中，遇到《国际城市规划》编辑部的孙志涛主任。她谈到正在策划公众号专栏，希望笔者能提供一个关于英国主题的系列，这正好与笔者的想法不谋而合。于是，接下来的工作就顺理成章：笔者与周怡薇、于丹阳合作，在《国际城市规划》编辑部张祎娴博士的支持和配合下，以大约一个月一篇的速度，在公众号上完成了共计九篇的连载，这便是本书第 2—10 章的雏形。文章连载后，在业界内产生了很好的影响：每篇的网络阅读量都较为可观，并被一些自媒体转载，一些机构还邀请笔者进行该主题的学术宣讲。这些都是笔者在写作之前未能预料到的。笔者因此感到欣慰：一方面，有机会对多年的英国城市研究做了一个小小的总结；另一方面，为国内当前的城市设计与城市更新工作提供了一些经验与参照。

但是，当文章全部连载完成之后，笔者也发现有一些不足：由于自媒体文章篇幅的限制（每篇 3 000~4 000 字），许多内容难以进行更详细的阐述，一些观点难以得到更透彻的分析。于是，笔者萌发了重新修改并结集出版的想法。在征得《国际城市规划》编辑部同意之后，笔者团队对每篇文章进行了大幅度的润色、扩展与优化，使其更适合学术普及阅读；同时，又承蒙《建筑师》编辑部许可，将笔者另一篇发表于该刊的总论性文章修改后一体纳入（本书第 1 章），从而形成了本书。

本书的主题聚焦于城市设计与城市复兴。关于城市设计（Urban Design），学界较多地将其视为一种以塑造城市三维形态和公共空间体系为核心的技术或者政策工具；而城市复兴（Urban Renaissance），则是一个社会、经济、文化、制度、城市面貌全面提升的过程。相对于较为负面的城市改造（Urban Renewal）和较为狭义的城市更新（Urban Regeneration），城市复兴的价值导向更为正面，内涵更加丰富。在经历了多年的高速城市化之后，中国城市在生态、形态、社会等许多方面所积累的问题，已不仅是进行简单的改造或者更新所能解决的，而且更需要一种系统的重构及全面的复兴。当然，城市设计只是复兴大战略下的一个抓手，但它的作用是不可或缺的；而且，随着中国国土空间规划体系的建立，城市设计或许将超越长期以来从属于规划的"二级"定位，逐渐成为与后者等量齐观的、更加独立的学科及实践门类（在英国，城市设计与规划的分野就已经十分明显）。

本书的实践色彩较强，同时也揭示了许多在英国的城市设计实践与城市复兴进程中常见的理论辨析和社会矛盾。本书希望借由对英国城市设计与城市复兴典型实例的分析，提炼出具有足够借鉴意义的经验、教训、原则乃至一些规律，以供中国城市参考。

本书的写作是一个令人愉悦的过程，笔者借此重温了在英国读书时的美好时光，并不时怀念在英国时结识的朋友们。笔者和他们中的许多人仍然保持着联系，并且大家都仍然在各自的工作领域内持续地努力和进步。最后，笔者衷心地感谢重庆大学出版社的张婷、杨敬等几位编辑，她们在编审与校核中体现出的尽职尽责，给笔者留下了深刻的印象。

杨震

2020 年 5 月

目 录

第 1 章
英国城市设计与城市复兴的概要式回顾

1.1　背　景

在过去四十年中，中国的城市化进程实现了急速推进：1978年时城市化率为17.92%，到2016年时已达57.35%，其中，北京、上海、天津等城市的城市化率均超过80%，达到发达国家的城市化水平[①]。在此阶段，中国的城市问题正显得日趋错综复杂：一方面，一线城市的"大城市病"急剧凸显，包括人口膨胀、交通拥堵、住房困难、环境恶化等；另一方面，许多传统工业和资源型城市又面临资源枯竭、产业单一、人口流失、经济衰败、生态破坏等深重的"发展危机"。有研究者指出，这些问题在很大程度上是源于过去四十年中"增长主义"式的城市化范式，即通过物质空间的大扩张和对资源的过度攫取，来达到城市资本的快速增值与积累；在此过程中，有关社会空间建构与生态系统保护的需求则被压缩或忽略。但近年来，在自上而下的政策层面，化解前述城市问题并促进城市化转型正成为一个重大的战略性目标：中央政府明确提出，城市建设要由"以土地和经济为导向"的外延式增量扩张转向"以人和生态为本"的内涵式存量更新，倡导实施"精明增长""城市修补""生态修复"等[②]。这是一次基于新时期城市发展新需求，同步寻求"解决城市现存问题、促进城市经济转型、修补社会与生态空间"等多重目标的整体性、系统性、综合性的战略尝试[1]。而"城市设计"的作用在其间被多次强调，被认为是有助于实现这一战略的重要技术手段和政策工具[③]。可以看到，这种重大的城市战略变化呼应了西方国家在后城市化阶段的转型历程。以英国为例，自20世纪80年代以来，英国同样面临严峻的城市发展不平衡及复杂的经济与社会危机，作为一种顶层对策，英国实施了"城市复兴"战略（Urban Renaissance），并大力倡导城市设计在其中的价值与作为。结果就是，近三十年来，英国一些大城市中心区（尤其是英格兰地区）的物质形态、经济结构、社会生活等方面均发生了显著变化，同时城市设计被广泛内嵌于多个层面的城市政策框架之中，与城市发展的联系日趋紧密。然而，2007年至2008年的金融危机又在很大程度上改变了英国的城市建设图景：在随后的近十年时间中，英国进入所谓的"后衰退时期"（post-recession age），其城市复兴面临新的复杂性和不确定性，但在首都伦敦则涌现出大量与城市设计相关的开发行为。可以认为，英国的经验具有研究的样本价值，对其20世纪80年代至今在城市复兴背景下的城市设计进行概要式回顾，将对中国现阶段的城市转型具有较好的镜鉴意义，也有助于加深对城市设计作为一种技术手段和政策工具的内涵认知。

1.2　城市设计作为一种公共政策

一直以来，学界对城市设计的定义并不统一。许多研究者认为，城市设计的实践范畴集中于三维城市形态和公共空间，由此区别于主要关注二维土地功能的传统城市规划及主要聚焦于建筑单体私属空间的建筑学。但由于城市形态和公共空间的内涵和外延本身难以清晰界定，造成对城市设计实践的"认知模糊"，它被认为是"几个学科的模棱两可的混合体"[2]，甚至被评价为"因缺乏知识核心而处于一种无政府状态"[3]。然而，城市设计的这种特性却使它可以介入及整合各种尺度的空间实践活动，由此与城市发展具备多层面联系及促进的可能。基于此，一些研究者提出应该将城市设计视为"一种场所营造的过程"（a process of place-making）[4]，或者是"一种实践性的、应用性的、具有创造性的社会活动"[5]，认为它不需要成为"一个独立的领域"，而宜作为"空间政治经济学"（spatial-political economy）这个包罗万象的大认知框架内的一个子集[6]。与这些观点相呼应，在城市治理领域，城市设计越来越多地被视为一种"公共政策"（public policy）。在北美一些城市（如纽约、旧金山、温哥华等）的规划管理中，城市设计的公共政策属性体现得十分鲜明，发展出开发控制（development control）、设计控制（design control）等城市设计法定化系统框架。而英国的城市复兴运动同样赋予城市设计公共政策的身份：官方的规划文件将城市设计定义为"是为人创造场所的艺术……是可持续发展和经济繁荣的关键所在，为自然资源的合理利用和社会的健康发展提供保障"[7]。由此，城市设计成为英国城市复兴在物质空间层面协调各方利益关系的重要工具，它"在解决城市环境以及建筑物与空间的组合设计问题的基础上，关注城市空间的形成过程以及在此过程中如何满足其社会、经济、文化、功能及政治上等非物质性的目标"[8]。1999年，具有里程碑意义的研究报告《迈向城市复兴》（Towards an Urban Renaissance，1999），进一步明确主张"城市复兴需要由城市设计来主导（design-led）"[9]。官方的《规划政策说明1》（Planning Policy Statement 1）进而提出："高质量和人性化的设计……应该成为参与城市建设过程各方的共同目标"[10]。尽管这些要求并不能消除一些批判者关于"物质化"的城市设计能否深刻理解城市生活的复杂性的质疑，但在英国的城市政策环境中，一个基本的共识是：好的城市设计是支持城市复兴的"基础要素"和必要条件。

1.3　三个阶段的概要式回顾

1.3.1　"新自由主义"与城市更新：20世纪80年代—90年代

作为工业革命发源地，英国是一个传统的工业强国，航运、船舶、汽车、机械、煤炭、钢铁等行业自19世纪以来一直是英国的支柱产业。但自20世纪70年代开始，伴随着西方国家的能源危机以及全球化背景下资本主义经济结构方式的改变，英国的传统工业急剧衰退，在许多以制造业为支撑产业的城市（如伯明翰、曼彻斯特、利物浦、卡迪夫等），工业厂房、港口、码头、铁路、矿山、电厂等相继关闭，留下大量"棕地"（brownfields）、闲置建筑和工业设施（截至20世纪80年代末期，英格兰"棕地"总量近456.7平方公里[11]；英格兰、威尔士的闲置工业建筑多达1 620万平方米[12]）。城市空间被这些工业遗迹所割裂，变得难以利用并迅速荒芜。更严重的是，大量制造业的失业人口离开城市（例如，制造业的中心地带西米德兰兹郡的失业率在20世纪80年代增加了300%[13]），导致城市功能需求减退、商业衰微、社会服务设施关闭（如学校、医院、警局等），进而造成富裕阶层也寻求迁往郊区。内城空心化和贫困化现象迅速凸显，犯罪滋生、社会隔离、阶层异化等问题也随之而来。

　　20世纪70年代末期开始执政的保守党政府认为，内城问题首先是城市经济的问题[14]。作为应对策略，英国政府并无意"重振"传统制造业，而是提出城市向"服务型经济体"转型，大力发展金融、传媒、信息服务、零售、房地产等第三产业，推动城市从简单的物质化改造（urban renewal）迈向以经济结构调整为主的城市更新（urban regeneration）。时任首相撒切尔夫人态度鲜明地提出摒弃以中央调控为主的国家凯恩斯主义，实行强调市场自行调节的"新自由主义"（Neoliberalism）。结果是，长期以来中心化的城市规划管理体系在20世纪80年代土崩瓦解，在某些区域，城市功能分区和规划控制被废止，规划管理部门的行政许可职能被取消或者合并，以更好地"为市场力量松绑，发挥资本的主体性"。中央政府设立了众多城市开发区（Urban Development Zone）和企业区（Enterprise Zone）作为"自由规划区"，允许在其区域内自由地进行规划调整；同时组建城市开发公司（Urban Development Corporation），赋予其规划管理、基础设施建设、招商引资、开发经营等兼具行政与企业色彩的"一揽子职能"。在此背景下，城市规划的宏观调控职能被削弱，城市设计在微观层面的活跃性却得以激发，作为一种促进产业转型和空间重塑的有力手段，在各个地区的内城更新项目中得到广泛应用。例如，格拉斯哥的皇冠大街（Crown Street）项目集中体现了如何利用城市设计手段与新业态来促进内城再开发：它提供了两个主要购物中心——圣依诺克购物中心（St. Enoch Centre，1989）和之后的布坎南长廊（Buchanan Galleries，1998），构成了这个城市最具活力的商业街；同时突破了规划功能分区的束缚，提供了一个占地16公顷、包含1 000个住宅单元及相关配套设施的大型混合社区（图1.1）。该项目拥有专门的公共部门办事处，负责制订总体城市设计及开发纲要，并向私人开发商提供公共基础设施建设与开发补贴。再例如，伦敦的金丝雀码头（Canary Wharf）曾经是英国最繁忙的航运集散地，在20世纪80年代停止运营后长期荒废。由城市开发公司接手后，它被重新规划为伦敦新的中央商务区（CBD），大力吸纳国际金融、传媒、教育类机构（如摩根士丹利、汇丰银行、花旗银

图1.1　格拉斯哥皇冠大街项目中的混合社区

图1.2   伦敦金丝雀码头突破了伦敦的传统规划范式

行、路透社、《镜报》、伦敦城市大学等）。城市开发公司为该地区制订了充满浓郁北美城市特征的总体城市设计方案（由美国SOM公司设计，特征是拥有笔直的林荫大道、宽敞的城市广场、大量高耸的玻璃幕墙建筑等）。该区域汇集了20世纪90年代英国最高的三栋建筑，体现了显著的后现代主义（postmodernism）特征，也由于"毫无顾忌地突破了伦敦的传统规划范式"而引发争议[15]（图1.2）。金丝雀码头是英国20世纪80年代至90年代最重要的城市更新项目，并至今仍是英国最重要的城市设计遗产之一。

1.3.2 "第三条道路"与城市复兴：20世纪90年代—2009年

进入20世纪90年代，新自由主义主导的城市更新政策的弊端逐渐显现：过度依靠城市开发公司和开发区来进行招商引资，并对私人开发商采取"放任主义"（laissez-faire），使城市建设被经济利益及房地产开发所裹挟，公民福利、社会公平、社区包容、文化提升等重要议题却被长期搁置。为此，保守党政府作出了一系列"聚焦社会需求最凸显的地区"的努力：加大对内城中心区空间的集约化更新、增大社会住房（social housing）的投放量、在城市更新中鼓励采取地产开发与地方社区合作的模式并为弱势群体提供更多就业机会。城市设计在其间的作用被中央政府进一步强化：时任环境大臣克里斯·帕滕（Chris Patten）、约翰·古默（John Gummer）极力倡导城市设计是提高城市建设质量、促成城市综合更新的重要途径，并开始推动制定国家层面的城市设计导则。

1997年上台的新工党政府提出"第三条道路"（the Third Way）的理念，寻求在保守党的新自由主义政治经济学和凯恩斯主义下的福利国家体制之间"找到一条折中的道路"，来更好地平衡市场力量和政府管治，兼顾资本利益、社会公平与个人自由，建设更具有包容性和参与性的城市社会。在此理念下，新工党政府提出，以社会福利色彩强烈且具有悠久城市设计传统的"欧洲大陆城市"为榜样（如阿姆斯特丹和巴塞罗那），进一步明确将城市设计作为制定城市战略、解决城市问题的重要抓手。1999年，由建筑师理查德·罗杰斯（Richard Rogers）领衔成立的"城市工作组"（Urban Task Force）受中央政府委托，编制了影响深远的研究报告《迈向城市复兴》（Towards an Urban Renaissance, 1999），用更具包容性和象征性的"复兴"理念涵盖了传统的"更新"概念。该报告在城市设计、交通联系、环境管理、城市更新等9个专题下给出了共105条政策建议，标志着以城市设计为主导的城市复兴运动的全面兴起[16]。

在此后的10年时间内，中央政府根据《迈向城市复兴》的建议，致力于"发展并实施一个全国性的城市设计框架"，包括修改《规划政策说明》来为城市设计确立法定地位；出版《通过设计》（By Design）和《城市设计纲要》（Urban Design Compendium）等指导手册来普及城市设计理念与知识；编制《更安全的城市》和《无障碍街道设计手册》等专项技术手册来指导地方政府实施城市设计；成立了"建筑和建成环境委员会"（Commission for Architecture and the Built Environment, CABE）作为国家层面的城市设计咨询机构。相比保守党政府的"放任主义"，新工党政府倾向于鼓励中央政府、地方政府、营利机构和非营利机构达成"多层面的合作伙伴关系"（Public Private Partnership），"共同承诺"好的设计。一些城市涌现了一批对设计品质怀有强烈责任感的政府官员，如伦敦[时任市长肯·利文斯通（Ken Livingstone），可能是英国最积极推动城市复兴和城市设计的地方行政首长]、曼彻斯特、谢菲尔德、伯明翰、利物浦等。他们消除城市开发公司垄断型开发体制的弊端，吸收"更多善用城市设计价值"的中小型开发公司进入城市更新市场；同时在社区层面，也更注重将社区参与纳入地方政府的综合更新绩效评估，并实施了"携手共建"（Together We Can, 2004）、"活跃公民"（Active Citizens, 2005）等政策来鼓励公众参与城市设计[17]。在此期间，英国内城中心区空间的集约化更新得到相当程度的加强，表现出学习"欧洲大陆城市"建设开放式步行商业街和购物中心的倾向，如曼彻斯特千禧街区（Millennium Quarter）、利物浦1号天堂（Liverpool One Paradise）、伯明翰斗牛场项目（Bullring）、卡迪夫皇后大街（Queen's Street）等（图1.3）（详见第9章）。政府在改善交通、共享道路、城市步行化、城市景观等方面增加投入，显著提升了城市公共空间的品质。例如，诺丁汉新建或修复了9个城市广场；谢菲尔德建设了3套穿越市中心的高质量步行体系；伦敦则启动了"世界广场计划"（World Squares for All, 1996）项目，全面更新了包括白厅（Whitehall）、特拉法加广场（Trafaglar Square）和议会广场（Parliament Square）等在内的具有标志性意义的历史区域（详见第6章）。在"棕地"改造方面，这一阶段主要体现在对滨水空间的再开发[一些城市明确提出要再造"毕尔巴鄂效应"（Bilbao Effect），即以滨水区改造来促进城市腹地的复兴]，如伯明翰运河区（Birmingham Canal）、卡迪夫湾（Cardiff Bay）、利物浦码头区（Liverpool Dockland）等（图1.4）。在这些区域，开发业态趋于多元化（包括餐饮、零售、旅游、文化创意、商务办公、居住等），并注重对场地肌理的保存及对工业遗迹的改造利用，这与20世纪80年代金丝雀码头以商务为主导的大新建模式颇为不同（详见第8章、第10章）。

图1.3　卡迪夫皇后大街的开放式步行商业街

图1.4　利物浦码头区再开发

1.3.3　"后衰退时期"与伦敦经验：2010年至今

（1）"后衰退时期"的危机

2007—2008年美国次贷危机（the Credit Crunch）引发全球性的金融震荡，英国的城市建设受到重大冲击：金融机构被清算，开发商因银行信贷枯竭而破产，大量开发项目被搁置，持续上涨了10年的房价步入下降通道。急剧的衰退持续了近两年，直到2009—2010年，伦敦地区才开始出现复苏迹象。一些研究者由此将2010年至今的时期称为英国的"后衰退时期"[18]。2010年，保守党政府重新上台执政，在一定程度上重归新自由主义路线——削减公共开支，放松政府对市场的管制，这对自20世纪90年代以来采取的英国城市设计政策造成较大影响。具体措施包括"建筑和建成环境委员会"（CABE）于2011年被关闭，标志着国家层面城市设计指导框架被暂时搁置；2012年，中央政府大幅简化国家法定规划体系，将过去的《规划政策导则》（Planning Policy Guidance，PPG）和《规划政策说明》合并为单一的《国家规划政策框架》（National Planning Policy Framework，NPPF）；地方规划部门再次被缩减并削弱行政权力——原则上只执行"法定规划"（statutory planning），将城市设计列为"可选择性的服务"（optional services）；一些地方政府开始将开发项目的"经济可行性"（viability）视为最重要的评价标准，而不再重视"设计品质"。一些研究者指出：经济形势和政策环境的变化，使许多擅长开发高质量、小尺度项目的中小型开发商退出城市更新市场，造成近十年来英国的开发项目设计质量下降，出现了大量品质平庸、互相复制的"标准化开发项目"（standardized development）。此外，网络购物的出现也冲击了上个十年内回归内城中心的商业街和购物中心，许多零售店铺相继关闭，街道被快餐店、赌场和抵押公司所占据，城市公共空间的活力开始下降。面对这些现象，有悲观者认为，20世纪90年代以来所建立的城市设计主导的"复兴愿景"（vision）正在消亡[19]。但也有研究者指出，作出悲观的结论为时尚早，而经济衰退可能成为城市复兴"新的战略转折点"，促使城市复兴的政策路径从"设计导向"（design-led）转向更具弹性和兼容性的"设计协同"（co-design）——证据之一是中央政府虽然简化了城市设计政策框架，但开始更强调"可持续的城市设计"（sustainable urban design）及"可实施的城市设计"（viable urban design）[20]，这意味着城市复兴仍然需要更多城市设计实践的介入与推动。

在"后衰退时期"，英国全国范围内的城市复兴进程总体放缓；但与此同时，英格兰东南部（经济发达区域）与其他区域的城市开发差距有加大的迹象，伦敦的表现尤为突出：2009年以来，伦敦平均房价上涨近70%，而北爱尔兰则下跌超过40%④。其中的重要因素之一，是伦敦作为世界金融中心和英国首位城市，成为金融动荡期内全球资本的"避风港"；但另一重要因素，是伦敦较好地延续了20世纪90年代的城市复兴大战略，是近十年来英国城市设计实践最为活跃的城市。在城市设计实践的本体领域（公共空间和城市形态），伦敦提供了大量案例。

（2）持续的公共空间建设及与文化的结合

伦敦具有悠久的公共空间建设传统，市区内现存600余个历史广场，被称为"广场之城"（a city of squares）。《迈向城市复兴》报告明确提出，应将"以公共空间为核心的城市设计"作为一种"动态的发展策略"，贯彻到伦敦的城市复兴过程中。时任市长肯·利文斯通（2000—2008年任职）尤其重视城市空间的"去机动化"和"可步行性"：在他执政期间，伦敦开始征收"交通拥堵费"（Congestion Charge），使中心区机动车交通量减少15%，交通拥堵减轻30%[21]；规划部门编制了《伦敦街道设计导则》（London Streetscape Guidance）、《步行环境改善计划》（Improving Walkability）、《街道设计手册》（Manual for Streets）等政策手册，对城市街道的色彩、材料、设施、功能类型等作出精细的规范，并建立相应的城市设计管理流程[22]；同时，在前述的"世界广场计划"基础上，利文斯通持续推出"100个世界广场计划"（100 World Public Spaces，2002）、"伦敦步行计划"（The London Walking Plan，2005）、"可识别的伦敦"（Legible London，2006）等充满雄心的战略，来提高伦敦步行场所的数量和品质，使许多公共空

图1.5　伦敦中心区的步行空间

间得到全面更新[23]（图1.5）。

　　在"后衰退时期"执政的市长鲍里斯·约翰逊（Boris Johnson，2008—2016年任职）延续了公共空间建设的战略：进一步强调伦敦的公共空间建设要涵盖从中心区到城郊的范围，提出建设"开放与清晰的"（unrestricted and unambiguous）公共空间网络，启动了"50条更美街道计划"（50 Better Streets，2009），鼓励公共空间与社区生活更紧密的联系[24]。约翰逊也倡导通过规划奖励（planning bonus）来激励私人开发商提供"私属化公共空间"（privately-owned public spaces，如建筑底层架空广场、建筑骑廊、半开放的建筑中庭等），以提高私人开发项目的空间开敞度和步行可达性（图1.6）。

　　总体来看，2007—2008年的经济衰退没有造成伦敦公共空间建设的中断或者重大收缩，政府确保了以城市设计为主导的公共空间政策的连贯性和持续的财政投入。研究者对比了十年前后伦敦公共空间的变化，发现伦敦市民的步行方便度和步行意愿都有显著提高（步行路程减少16％、选择步行方式的人增加23％）；在空间类型方面，社区空间（community spaces）和企业空间（corporate spaces）占据了较大比例，分别达到45％和23％[25]。

　　近十年来，伦敦的公共空间建设十分注重与城市特色文化相结合。

　　一是与传统文化的结合，如皇家历史、城市历史、市井集市、戏剧表演等。体现在对一些典型性的文化

图1.6   伦敦中心区的"私属化公共空间"（建筑底层架空广场和骑廊）

场所进行空间整合和精细化管理，如国会区（Westminster）、白金汉宫区（Buckingham Palace）、伦敦塔（London Tower，古监狱）、诺丁山（Notting Hill，露天集市）、剧院区（theatre district）、考文特花园（Covent Garden，老市场）等。拥有三百年历史的考文特花园在多轮更新中十分注重保护街区结构和建筑风貌，以及根植于这里的市集文化和传统技艺（图1.7）（详见第7章）。

二是与现代文化的结合，侧重于对工业空间和现代主义规划遗产的重新包装利用，较多聚焦于泰晤士河南岸（传统工业区），典型项目包括泰特现代美术馆（Tate Modern，由伦敦最大的发电厂改造而成，详见第3章）、新南岸广场（New Southbank Square，建于20世纪60年代的现代主义建筑，一度荒废）等（图1.8）。目前，泰晤士河南岸已从衰退的旧工业区转型为世界上最大的艺术中心聚集地之一。

三是与自然文化的结合，除了继续维持、保育伦敦著名的城市公园系统以外（伦敦人均公园面积超过25平方米），尤其重视"城市河系设计"（urban river design），体现在对城市内的河流、湿地进行生态恢复（ecological restoration）及"提升水岸空间的美学价值"（aesthetic value）；泰晤士河现已成为欧洲最清洁的城市水道之一，两岸建设了连续的滨水步道（Thames Path）和众多的景观眺望点（详见第2章）。在城市公园湿地中也增添了许多具有"美学价值"的空间要素，如肯辛顿公园（Kensington Park）湖畔的"蛇形艺廊"（Serpentine Gallery）、海德公园（Hyde Park）的戴安娜王妃纪念喷泉等（图1.9）。这些项目形成较为

图1.7　伦敦考文特花园的室内场景

图1.8　泰特现代艺术馆西广场

图1.9 肯辛顿公园湖畔的"蛇形艺廊"

显著的"触媒效应"，带动了伦敦文化产业（包括旅游、创意、消费等多方面）的发展。一些研究者认为，这些举措表明，伦敦在城市复兴的进程中，有意识地将自身置于"全球性的关于知识、旅游业和文化方面的新经济浪潮中"，在保持"世界金融中心"地位的同时，也试图成为"文化创意之都"[26]。

（3）标志性建筑及旗舰项目重塑城市形态

与公共空间更新同步发生的，则是近十年来伦敦标志性高层建筑的涌现和集聚，造成中心区三维城市形态和建筑天际线的显著变化。自17世纪以来，伦敦一直保持了中世纪致密紧凑的城市肌理，城市天际线总体水平舒展，圣保罗大教堂（St.Paul's Cathedral，高约111米）在两个多世纪中一直是泰晤士河畔的最高建筑。20世纪80年代至90年代在金丝雀码头及金融城（the City of London）开始出现较多高层商务楼宇[如劳埃德大厦（Lloyd's Building），88米；瑞士再保险公司大厦（the Gherkin），180米]，伦敦的天际线产生明显变化。而同时期内，伦敦市政府一直试图通过城市设计政策来约束高层建筑对城市形态和历史地标的冲击：1991年的《圣保罗大教堂战略性眺望景观规划》（Strategic View Landscape Plan of St. Paul's Cathedral）划分了景观视廊（Viewing Corridor）、广角眺望协议区（Wilder Setting Consultation Area）和背景协议区（Background Consultation Area）三个视线区域，来对大教堂景观实施保护。此后出台的大伦敦范围内的《伦敦规划》（London Plan）、《伦敦视景管理框架》（London View Management Framework）及金融城区域的规划文件《伦敦本地规划》（London Local Plan）中均对大教堂的景观控制体系作出延伸或修改。除大教堂外，威斯敏斯特宫（Palace of Westminster）、伦敦塔（Tower of London）也作为"战略地标"被一同纳入了景观管理框架，并据此在大伦敦范围内划定了伦敦全景（London Panoramas）、线性景观（Linear Views）、河流前景（River Prospects）及城市景观（Townscape Views）4种类型共27处景观眺望点（其中13处具有法定地位）[27]（图1.10）。总而言之，伦敦景观管理体系的制度内容和技术手段日趋成熟、精细和灵活（详见第3章）。

自21世纪初期以来，随着更多国际金融企业进入伦敦，伦敦市政府不断动态调整城市设计管控，赋予开发项目更大弹性：在2005年和2011年两次编订新的《伦敦景观视线管理框架》，将大教堂两侧景观视线通廊由对称改为非对称，减少通廊控制宽度，为修建更多高层建筑创造空间[28]。在"后衰退时期"，针对金融城和泰晤士河南岸区域，伦敦市政府更进一步采取"特议制"（district and site specific）来审批开发项目，从而规避普适性的规划管控[29]。作为结果，近十年来，伦敦中心区"竖向增长"的趋势极为明显：共有236栋超过20层的建筑处于建成、在建或规划阶段，包括碎片大厦（the Shard，306米）、"对讲机"大厦（Walkie Talkie，160米）、兰特荷大厦（the Leadenhall Building，224.5米）等尺度巨大的超高层建筑（图1.11）。这引发了广泛的争议：一些政治家认为"标志性建筑"是一种"品牌"（branding），有助于提升伦敦的城市形象，同时金融资本在伦敦的空间集聚也有利于城市的持续繁荣；但反对者认为，过多的标志性建筑已经对伦敦独特的城市肌理造成破坏，同时金融商务功能的涌入降低了中心区居住与零售功能的比例，"排挤"了真正的市民使用者的空间权利。英国"第一高楼"碎片大厦（the Shard）的诞生更是将这一争论推向了高潮（详见第4章）。

此外，伦敦近十年来强力推动了一批"旗舰项目"，对区域层面的城市复兴及城市形态重塑形成重要影响。例如，2008年启动的伦敦北部国王十字区改造项目（King's Cross Redevelopment），围绕区域内两座交通枢纽国王十字火车站（King's Cross Railway Station）及圣潘克拉斯火车站（St.Pancras International），开发约36万平方米的新城市综合体。在总体城市设计方案指引下，两座带有历史风貌的火车站全面更新，其周边的城市空间被整合与修补，并植入教育、医疗、科技、商务、居住等多元化城市功能（图1.12）（详见第5章）。2012年，又启动了伦敦西南部巴特西电站改造项目（Battersea Power Station

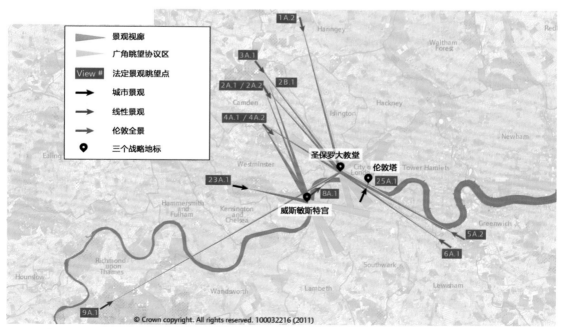

图1.10 《伦敦景观管理框架》控制图示

图1.11　泰晤士河两岸的标志性建筑（左：南岸的碎片大厦；右：北岸的"对讲机"大厦和兰特荷大厦等）

图1.12　伦敦国王十字火车站（左）与周边城市空间的整合

图1.13　伦敦西南部巴特西电站改造项目

Redevelopment），项目以已经关闭近30年的巨型电站为中心，开发约17万平方米的高端社区。众多来自英国海外的开发商取得不同标段的开发权，并在拉斐尔·维诺里（Rafael Vinoly）编制的总体城市设计框架内，聘请诺曼·福斯特（Norman Foster）、理查德·罗杰斯（Richard Rogers）、弗兰克·盖里（Frank Gehry）、BIG等建筑师制订了特色鲜明的分地段开发方案（图1.13）。更广为人知的是，伦敦东部斯特拉福德（Stratford）和下李河谷（Lower Lea Valley）是举办2012年夏季奥运会的区域，为此进行了大规模的奥运设施建设和配套房地产开发。该项目强调以"可持续的城市设计"为主要标准：场馆大量采用可再生材料及易维护结构，新住宅的碳排放量坚持比平均水平低80%，对工业"棕地"进行严格的"毒地清洗"和水体治理，从而为伦敦东部创造了一处有价值的"城市绿肺"（图1.14）。可以看到，这些旗舰项目总体布点较为均衡，有利于伦敦各区域的协调发展，并多选址于长期衰败的工业中心或交通枢纽，具备潜在的"触媒效应"；这些项目进行时都遵循总体城市设计框架和开发指引的要求，呈现出对空间形态及更新策略的整体思考。但与此同时，不少研究者注意到，这些旗舰项目及其"标志性的城市设计"（iconic urban design）加大了社会阶层的"空间分化"。例如，按照伦敦市政府的初始计划，国王十字区的新住宅面积的40%应为"可支付住宅"（affordable housing），以满足当地低收入居民的需求。但在实际方案中，"可支付住宅"数量只达到初始计划的50%，这使未来住宅总体价格将远远超过当地居民的承受能力[30]。与此类似，巴特西电站改造项目的住宅价格约为1.7万英镑/平方米，主要成为"海外买家"（overseas buyers）的投资对象，与本地社区的居住需求基本无关⑤。

图1.14   伦敦东部斯特拉福德奥运场馆与"城市绿肺"

1.4   本章小结

英国的城市复兴历程证明，城市设计作为一种公共政策，对城市的转型发展起到重要的支撑与促进作用，而其间政治、经济、文化等多种因素的变化对城市设计的价值取向和实施策略产生了重要影响：20世纪80年代至90年代急剧的经济转型压力和新自由主义理念的结合，使"批发式"（wholesale）城市设计大行其道（金丝雀码头项目是典型代表）；20世纪90年代至2009年经济的健康发展和温和型政治的回归，则为城市设计"公共价值"的凸显创造了有利条件（建立了全国性的城市设计政策框架，涌现了众多聚焦公共空间的设计和开发项目），这一阶段或许能称为英国当代城市设计的"黄金期"；2010年以来的经济衰退则造成全国范围内城市复兴的停滞，政治路线的再度"右转"使城市设计在政策体系内的地位变得暧昧不明。但伦敦的在地实践却仍然呈现出空前的多样化，其中既包括大量"开发导向"的大尺度城市设计，也不乏众多关注文化、生态、社区等多维目标的渐进式介入。伦敦的经验证明：在面临城市危机的时刻，应该更加充分地利用（而不是遗弃）城市设计，去为城市"创造价值"。

另一方面，也可以将伦敦当前的复杂图景视为英国三十多年来城市复兴与城市设计"得与失"的缩影。①在物质层面，城市中心区公共空间品质得到显著改善，"棕地"和工业遗迹进化为新的"城市功能源"，生态环境总体上得到较好维持、保育，可持续理念在大型复兴项目中得以贯彻实施；然而，对国际资本的"渴求"及对开发项目的"放任"，也造成城市形态的急剧变化，建筑高度与密度的不合理增长损害了城市形态的整体性，建筑风貌呈现出碎片化的特征。②在经济层面，大型复兴项目为地方政府和开发商带来了可观的经济收益，城市设计为金融资本在城市的循环及积累提供了足够的"空间载体"，并全面带动了文化、教育、旅游、创意等产业的发展；然而，过度依赖"虚体经济"，也使英国在后衰退时期的整体复苏漫长而痛苦，城市间的分化加大，首位城市（伦敦）的地产泡沫达到令人警醒的程度。③在社会层面，公共领域的改善和经济增长都有利于广义的社区更新，文化传承、生态保护、公众参与等理念通过城市设计的普及也有益于"城市善治"；但社会阶层在空间中的分异、隔绝、排斥等现象并未消除，甚而时常以城市复兴和城市设计的名义被放大乃至极化——一个最直接的证据是，经过多年的城市复兴，英国大城市的住宅短缺（尤其是"可支付住宅"）达到20世纪80年代以来最严重的程度[31]。

2017年，英国正式启动"脱欧"程序，并于2020年1月31日23：00正式"脱欧"。这无疑将为其未来的城市复兴和城市设计增添更大的不确定性，英国的实践因此具备持续观察的价值。回溯到本章起始部分的问题，英国经验对当前中国城市的镜鉴意义何在？基于前文论述，可以进行三方面的总结及讨论。①城市设计是促进城市复兴的必要条件之一，但未必是充分条件。因为城市设计在城市转型中的介入度与实施度受经济波动、政治变化、文化兴替等多因素的深刻制约，所以，它既不是解决城市问题的"万灵药"，也不是变现城市愿景的"终极蓝图"，而更多的是聚焦于城市形态和公共空间，寻求"在公共控制与多元经济决定论之间一种持续的动态平衡"[32]（英国三个阶段的演变证实了这一点）。②城市设计具有很强的公共政策属性，但它并非"价值中立"（value free），在不同的政治与经济目标指引下，城市设计的历时性策略或者共时性方法都可能相差甚远，进而造成截然不同的空间片段结果（城市的面貌正是由无数片段叠加而成的）。因此，如果要寻求一个相对理想的城市形态，需要建立一个相对连贯的城市价值的指引和相对稳定的政策框架（伦敦提供了一个虽不完美但足可借鉴的案例）。③城市转型中的挑战与矛盾错综复杂、千差万别（中国城市当前总体上面临的转型问题，可能近似于英国的20世纪80年代；而伦敦与英国其他城市的分化，又类似于中国一线城市和一些资源型城市的差异）。因此，城市设计的应对措施应该是具备在地性和差异化的，但采取具有实施弹性和社会包容性的城市设计（包括达成广泛的利益平衡、建立公私合作机制、促进社会公平与社区参与等），应该成为一种普适性的标准。

注　释

① 资料来源："国家统计局"网站新闻《城镇化水平持续提高 城市综合实力显著增强——党的十八大以来经济社会发展成就系列之九》。

② 资料来源：中华人民共和国中央人民政府网站《中共中央 国务院关于进一步加强城市规划建设管理工作的若干意见》。

③ 在《中央城镇化工作会议》（2013.12）、《中央城市工作会议》（2015.12）、《住建部城市设计试点工作座谈会》（2017.2）等重要会议中，城市设计对城市转型的意义与作用被反复提及；2017年6月，我国住房和城乡建设部施行《城市设计管理办法》，更进一步为城市设计在新时期城市建设工作中奠定了法定化地位。

④ 资料来源：BBC官方网站新闻"House Prices: Have They Actually Gone Up in Your Neighbourhood？"。

⑤ 资料来源：Design Build Network网站"Battersea Power Station Redevelopment，London"。

参考文献

[1] 刘伯英，刘小慧.迈向城市复兴的新时代 [J]. 城市环境设计，2016(04): 276-281.

[2] Carmona, M. The Place-shaping Continuum: A Theory of Urban Design Process[J]. Journal of Urban Design, 2014(19): 2-36.

[3] Cuthbert, A.R. "Urban Design and Spatial Political Economy" in Companion to Urban Design[M]. edited by Banerjee, T. Loukaitou-Sideris, A. London: Routledge, 2011.

[4] 同参考文献 [2].

[5] Biddulph, M. The Problem with Thinking about or for Urban Design [J]. Journal of Urban Design, 2012(17): 1-20.

[6] 同参考文献 [3].

[7] DETR/CABE (Department of the Environment, Transportation and the Regions/Commission of Architecture and the Built Environment). By Design: Urban Design in the Planning System: Towards Better Practice[R]. London:DETR, 2000:8.

[8] Biddulph, M. 当今英国的城市设计思想与实践 [J]. 马文军，译. 华中建筑，2000(01): 73-78.

[9] UTF（Urban Task Force）. Towards an Urban Renaissance[R]. London: Department of Environment, Transport and the Regions and Thomas Telford Publishing, 1999.

[10] ODPM(Office of the Deputy Prime Minister). Planning Policy Statement 1: Delivering Sustainable Development[R]. London: HMSO(Her Majesty's Stationery Office), 2005.

[11] Couch, C. Urban Renewal: Theory and Practice[M]. London: Palgrave, 1990.

[12] Kivell, P. Land and the City: Patterns and Processes of Urban Change[M]. London: Routledge, 1993.

[13] Atkinson, R. Moon, G. Urban Policy in Britain: the City, the State and the Market[M]. Hampshire: Macmillan Press LTD, 1994.

[14] Saumarez, S.O. The Inner City Crisis and the End of Urban Modernism in 1970s Britain[J]. Twentieth Century British History, 2016, 27(4): 578-598.

[15] Tallon, A. Urban Regeneration in the UK[M]. London and New York: Routledge, 2010.

[16] 同参考文献 [9].

[17] 杨震，于丹阳，蒋笛.精细化城市设计与公共空间更新：伦敦案例及其镜鉴 [J]. 规划师，2017, 33(10): 37-43.

[18] Lovering, J. Will the Recession Prove to be a Turning Point in Planning and Urban Development Thinking[J]. International Planning Studies, 2010(15): 227-243.

[19] Roberts, M. Townshend, T.G.Urban Design in an Age of Recession[J]. Journal of Urban Design, 2017(22): 133-136.

[20] 同参考文献 [15].

[21] 同参考文献 [15].

[22] Gallagher, M.R. 追求精细化的街道设计——《伦敦街道设计导则》解读 [J]. 王紫瑜，译. 城市交通，2015(4): 56-64.

[23] Carmona, M. Wunderlich, F.M. Capital Spaces: The Multiple Complex Public Spaces of a Global City[M]. London: Routledge, 2012.

[24] 同参考文献 [23].

[25] 同参考文献 [23].

[26] Mayor of London. The Mayor's Economic Strategy for London[R]. London: Greater London Authority, 2010.

[27] Mayor of London. London View Management Framework[R]. London: Greater London Authority, 2012.

[28] 同参考文献 [27].

[29] Roberts, M. Urban Design, Central London and the "Crisis" 2007-2013: Business as Usual?[J]. Journal of Urban Design, 2017(22): 150-166.

[30] 同参考文献 [15].

[31] 同参考文献 [29].

[32] Punter, J.Urban Design and the British Urban Renaissance[M]. London: Routledge, 2009.

图片来源

图 1.1：CZWG Architects 网站。

图 1.2：WEDGE Education 网站。

图 1.3：作者拍摄。

图 1.4：作者拍摄。

图 1.5：作者拍摄。

图 1.6：作者拍摄。

图 1.7：作者拍摄。

图 1.8：作者拍摄。

图 1.9：维基百科 "Serpentine_Galleries" 词条介绍。

图 1.10：作者改绘自参考文献 [27]。

图 1.11：作者拍摄。

图 1.12：作者拍摄。

图 1.13：New London Development 网站。

图 1.14：London Living 网站。

第 2 章
当雾霭远去——泰晤士河滨水空间的复兴

　　"泰晤士河上蓝金斑驳的夜曲，渐变为灰色的协奏。带有赭石色干草的驳船驶出码头：肃杀，阴冷。黄色大雾蔓延开来。爬过桥梁，直抵屋墙，似化作幻影，又化作圣保罗大教堂。一触即发，如同悬挂城市上空的泡沫……"

　　这是王尔德在《清晨印象》一诗中所描写的19世纪末的伦敦。一个多世纪后的今天，雾霾已远去，泰晤士河宽阔平静、清澈见底，日夜不息地在这个古老又现代的城市中蜿蜒而过。它宛如"流动的历史"[出自英国政治家约翰·伯恩兹（John Burns）]，诉说着一段漫长而艰难的城市活力复兴历程。

2.1　大都市之河：起源、对城市的影响、工业革命的污染

　　泰晤士河（River Thames）是英格兰最长的河流，也是英国第二长河流，仅次于塞文河（River Severn）。它发源于英格兰西南部科茨沃尔德山脉（Cotswolds），于伦敦下游形成宽阔的入海口并注入北海（North

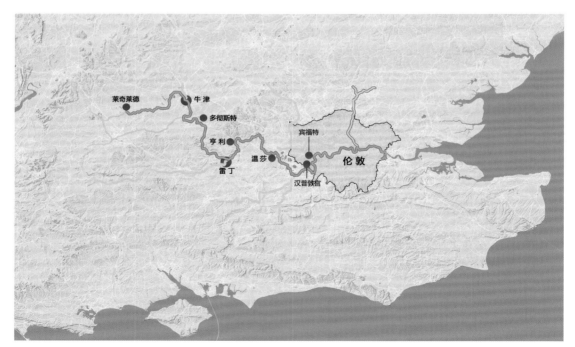

图2.1　泰晤士河流域地图

Sea），全长346公里，自西向东横贯英格兰南部包括首都伦敦在内的十多座城市，流域面积13 000平方公里[①]（图2.1）。对于伦敦人来说，"泰晤士老爹"（Old Father Thames）孕育了这座城市的灿烂文明。公元前1世纪，罗马帝国的领土扩张到了西欧，罗马人入侵不列颠后，在泰晤士河东段的北岸建立了伦底纽姆城（Londinium），即现在的伦敦金融城（City of London）所在位置。公元11世纪，伦敦成为英格兰的政治中心。泰晤士河的存在使伦敦（尤其在北岸）自然而然形成土地功能划分，并蕴含着社会阶层的划分，即从里向外看，土地依次为国家和政府所在地、贵族所在地、上等地产、中等地产、社会性住房、郊区[1]（图2.2）。从社会功能上看，泰晤士河传统上是一个"工作通道"，或者说是城市的"后门"（back door），主要承担水利、水运及为城市供应生产生活用水等功能[2]。15世纪以后，泰晤士河上的驳船每天从牛津运送木材、羊毛、食品和牲畜到伦敦，水运事业的兴起孕育了伦敦最初的商业繁荣（图2.3）。到了18世纪，泰晤士河已经成为世界上最繁忙的水道之一，伦敦也成为整个欧洲的商业和贸易中心。而后，国内外市场的不断扩大对手工业提出了技术改革的要求，大工业革命应运而生。

　　然而，大工业革命期间，大量棉纺、化工、造纸、制革等工业向滨水区域迅速聚集，汲取泰晤士河河水来供应蒸汽锅炉，并将工业污水不加处理且无节制地排向河道。同时，伦敦人口激增（从1801年的109万人增加到1851年的363万人）给城市的公共服务带来巨大的压力[②]，特别是淡水供应、废物处理和污水处

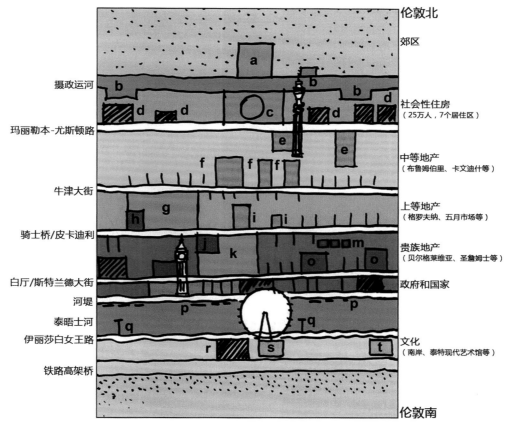

图2.2　泰晤士河北岸土地功能层次划分示意图

图2.3　《伦敦：泰晤士河和伦敦城》（London:The Thames and the City）

图2.4　《肮脏的泰晤士老爹》（Dirty Father Thames）

理等方面，抽水马桶的推广更使大量生活污水被直接排入泰晤士河[3]。这些活动导致泰晤士河内氧气被大量消耗（1850—1870年河水中溶解氧饱和度几乎为零）[4]，河水水质严重恶化、臭气熏天，河内大量生物灭绝（图2.4）。泰晤士河的生态问题危及了整个城市的公共健康：幼童死亡率居高不下，伦敦居民的平均预期寿命降至37岁（19世纪中叶）[5]；河水污染甚至间接导致了伦敦30年间的4次大霍乱（1831—1832年、1848—1849年、1853—1854年、1865—1866年），4万多人因此丧生[6]。另外，1878年发生在泰晤士河上的"爱丽丝公主号"沉船事件造成650人丧生，而调查结果显示，污水中毒（而非溺水窒息）更可能是落水者大量死亡的直接原因[7]。

面对上述严峻局面，伦敦从19世纪中期开始对泰晤士河进行综合治理，经过一百多年的努力，今天泰晤士河的生态环境得到显著恢复；而在20世纪中期以后，随着水运作用趋于衰微，且大量生产企业从滨水区域撤离，泰晤士河两岸的空间重塑又成为一个重大议题，并持续至今。

2.2　复兴的起步：泰晤士河综合治理

2.2.1　第一阶段：1852—1891年

19世纪中叶到20世纪后半期的一百余年间，泰晤士河经历了两个阶段的综合治理，这为其后泰晤士河滨水空间的全面复兴奠定了物质基础。1858年，泰晤士河出现了令人震惊的"大恶臭"（Great Stink），当年，英国议会通过《大都市地方管理法修正案》（Metropolis Local Management Act Amendment Act），明确规定限制污水排入泰晤士河。1876年，英国议会进一步出台《河流防污法》（Rivers Pollution Prevention Act），这不仅是英国历史上第一部防治河水污染的国家立法，也是世界历史上的第一部水环境保护法。直至1951年，它一直是英国防治河流污染的基本法规[8]。

除了通过立法限制排污，政府还任命约瑟夫·威廉·巴扎尔哥特爵士（Sir Joseph William Bazalgette）担任大都会下水道委员会（Metropolitan Commission of Sewers）的首席工程师，主持修建泰晤士河两岸庞大的隔离式排污下水道管网，通过泵站和下水道将污染物转移到下游的贝克顿（Beckton STW）及克罗斯内斯（Crossness STW）两个泵站，然后在泰晤士河口处排出。在规划管网时，巴扎尔哥特按照最高的人口密度数据，并以"最慷慨"的人均资金补贴，设计了所需的管道直径[9]，他的远见使排污系统在伦敦人口超过800万后仍能继续正常运转。管道投入使用之后，泰晤士河的污染得到一定程度的遏制（1890年左右溶解氧饱和度达到35％以上）[10]，恶性传染病的发生率下降（1850—1860年伦敦东部的白教堂地区伤寒死亡率为每10万人中有116人，到1890—1900年已减少到每10万人中只有13人）[11]。

然而，河道污染问题并没有从本质上得到解决——两个泵站内的污染物未经处理被再次倾倒进河中，每逢海潮上涨，下游的污染物又会被送回内河段，泰晤士河的污染问题仍然反复不休。

2.2.2　第二阶段：1955—1975年

第二次世界大战期间，许多污水处理厂被炸毁，大量的脏水流入泰晤士河；而随着战后伦敦常住人口的快速增加，含有洗涤剂的生活污水更进一步加重了泰晤士河的污染。《卫报》在1959年报道称，"伦敦桥上下几英里处找不到氧气"；英国自然史博物馆（Natural History Museum）宣判泰晤士河为"一条没有生物的死河"[3]。最终，英国议会和政府痛下决心：对泰晤士河进行彻底的全流域（包括内河、河口和潮汐水域）治理。政府陆续颁布了一系列更加严苛的法律法规：《清洁河流法》（Clean Rivers Act，1960）、《水资源法》（Water Resources Act，1963）、《水法》（Water Act，1973）、《污染控制法》（Control of Pollution Act，1974）等，进一步提高污废水排放标准，并扩大河床的治污控制权。除此之外，还采取了一系列更加具体的措施。

①理顺河段管理机制。20世纪50年代，英格兰和威尔士水循环的各个方面（包括供水、污水处理、污染预防、资源管理等）由超过1 000个独立企业负责，包括市政当局、自来水公司、河流当局、海洋渔业委员会和许多其他机构。这种高度分散的管理模式不利于切实的综合治理。1973年的《水法》将以上企业中的大多数都整合到10个地方水务局（Regional Water Authorities），这一单独的权力机构建立了水循环的全域控制。此举被誉为英国"水业管理体制上的一次重大革命"[12]。

②建立私有化水业运营机构。英国政府以泰晤士河水务局（Thames Water Authority，10个地方水务局之一）为基础，引入私人资本，于1989年将其改组成立了泰晤士水务公司（Thames Water）。这家公司现在是英国最大、世界第三大的私营水务公司[4]，承担伦敦和泰晤士河流域的饮用水、生活用水供应，污水处理，以及河水水质改善工作。为了确保私有公司履行职责，政府下属的国家河流管理局（National Rivers Authority）、环保组织、公益机构、媒体和公民都有权对其进行"无情"的监督[13]。

③通过经济手段使公民参与其中。污水处理费用全部来自居民及商业、工业企业缴纳的自来水费，并实行了"冬季蓄水供夏季使用"和给予节约用水者经济奖励等灵活的政策[14]。

④改进污水处理设施。除了以上创新性的举措，英国政府还进一步对原有的排水和污水处理设施进行了大刀阔斧的改进——将原有190多个小型污水处理厂合并为15个，并对19世纪建设的两大污水处理厂进行现代化改造[15]。从1955年到1980年，泰晤士河污染总负荷降低了90%[16]。

在耗时一百多年的多次"手术"之后，泰晤士河终于"整形"成功。如今泰晤士河已成为全世界最洁净的城市水道之一，水质达到饮用水标准，并迎来了百余种鱼类和无脊椎动物的回归[5]。然而治理并非一劳永逸，仍有多种因素威胁着泰晤士河的清洁：首先，近20年中泰晤士水务公司曾数次违法排放未达标的污水，从而造成水污染事件，英国政府对其进行了大力处罚，罚金超过2 200万英镑[6]。其次，伦敦人口不断增长以及气候变化导致的暴雨频发给泰晤士河的排水系统带来了更大的压力，为此，伦敦正在建设一条长25公里的潮汐隧道（Tideway）来扩充排污容量。最后，塑料这一新污染源的泛滥也不容忽视。2015年，泰晤士21（Thames 21）发起了"更干净的泰晤士"（Cleaner Thames）运动，阻止塑料垃圾进入泰晤士河流域。泰晤士21是一家慈善机构，它致力于联合当地社区，进行泰晤士河和伦敦其他水道的志愿清洁工作。泰晤士河保卫战注定是一场"持久战"，幸运的是，随着环保意识的逐渐加强，越来越多的公众组织、媒体和社会企业都积极参与其中。

2.3 复兴的深化：泰晤士河空间重塑

泰晤士河滨水空间的复兴过程与英国城市政策的发展密切相关。从20世纪40年代后期开始，河上的运输贸易减少，河畔仓库和码头被重新开发用作办公空间，然而河滨形成的宽阔的双车道自然阻断了行人接近河道的可能性。20世纪70年代，奉行新自由主义的保守党政府上台后，试图以经济改革促进社会转型。在此期间，泰晤士河滨水区的更新以提升当地经济发展、实现土地价值最大化为目标。到了20世纪90年代，随着美苏两大集团对抗格局的解体，全球社会经济形势走向了多元化与合作化，英国政府重新调整战略，转为倡导更面向全球经济竞争及基于可持续发展的"城市复兴"。在此背景下，泰晤士河沿岸空间被越来越多地视为城市公共空间的一部分，是提升城市中心区吸引力的重要元素。在大伦敦市域范围内，泰晤士河流经的欠发达城市区域被划定为泰晤士河政策区（Thames Policy Area），伦敦市政府在区域内大力加强保护生态环境、扩展旅游娱乐、改善城市形象等工作，以期将该区域重建为城市的"前门"（front door），达到促进城市复兴的战略目标[17]。建筑师特里·法雷尔（Terry Farrell）将泰晤士河流经大伦敦的区域分为四个区段：上泰晤士河（乡村地带）、城区泰晤士河、老港区泰晤士河及泰晤士河入海口[18]（图2.5），其中城区段和老港区段是这一时期更新的重点，具体做法主要包括以下三部分。

2.3.1 滨水功能转型

第一部分，促进滨水区城市功能转型：从工业生产、交通运输、产品贸易等传统功能转向复合化的、更加适应社会与经济需求的新功能。

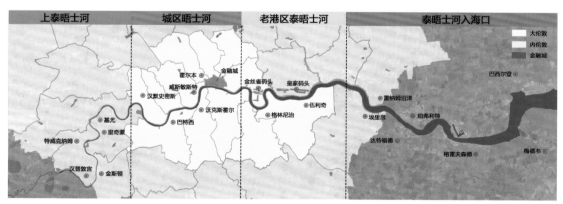

图2.5 泰晤士河（伦敦段）区段划分图

①文化旅游功能。泰晤士河岸具有得天独厚的文化旅游发展条件，因为沿岸汇聚了大量历史风貌区和登录保护建筑（listed buildings），其中包括四处举世闻名的世界遗产地：基尤皇家植物园（Royal Botanic Gardens，Kew）、伦敦塔（Tower of London）、威斯敏斯特宫（Palace of Westminster）和格林尼治天文台（Maritime Greenwich）。在延续与更新这些历史遗迹的基础上，伦敦进一步将沿岸大量有历史内涵的近现代旧工业厂房改造为文化旅游设施，形成与古典遗迹的空间联系与功能互动。例如，泰晤士河南岸南华克地区（Southwark）的旧电厂被改造为泰特现代美术馆，并采用造型新颖的千禧年步行桥（Millennium Footbridge）连接泰晤士河北岸的圣保罗大教堂，构成泰晤士河两岸最醒目的两座"文化地标"（图2.6）。该美术馆现在已成为伦敦最受欢迎的美术馆之一，并形成显著的"催化效应"，带动了南岸地区长期落后的文化发展和城市开发。此外，伦敦眼（The London Eye）、千禧巨蛋（The O_2 Arena）等千禧工程（Millennium Projects）也进一步丰富了泰晤士河沿岸的文化旅游路线（图2.7）。

②办公居住功能。为强化伦敦"世界金融中心"的地位，政府也大力鼓励在泰晤士河沿岸增加适当的商务设施，尤其是高档办公空间，著名的建成项目包括汇聚于金融城（City of London）及金丝雀码头（Canary Wharf）的一系列标志性商务楼宇、More London商业广场、碎片大厦等。这些商务建筑主要为金融、传媒、酒店等行业服务，吸纳了大量国际企业及海外人才。另外，处于新自由主义经济背景下的伦敦被认为是住宅地产投资的"巅峰之城"，寻求功能转型的河畔"棕地"更成为重点发展地段[19]。

图2.6   南岸的泰特现代美术馆与北岸的圣保罗大教堂通过千禧桥连接

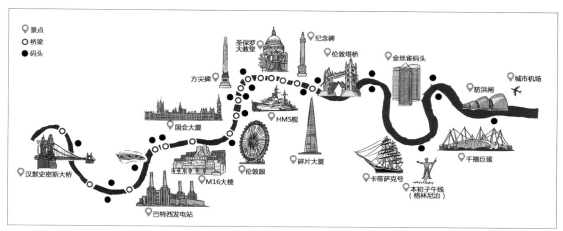

图2.7　泰晤士河沿岸文化旅游地图

③休闲游憩功能。为将休闲游憩功能作为文化旅游和商务办公的配套功能，泰晤士河沿岸增加了大量的酒吧、河道巴士、俱乐部、休闲餐饮、豪华旅馆等设施。这些设施分布于景观视线良好的地段，与精心设计的公共空间紧密联系，成为不仅服务于游客及办公人群，也广受城市居民欢迎的休闲游憩场所，但高档的休闲游憩空间占据了最佳河畔景观，使一部分公共空间被商户圈占为"私属化空间"（需要消费才能进入），造成一定程度上的"绅士化"现象。

2.3.2　公共空间再造

第二部分，加强滨水区公共空间再造：整合彼此割裂的公共场所，植入联系要素，建设一体化、高质量的滨水公共空间网络。

①强化公共属性。政府制定相关规划及政策来强调泰晤士河两岸空间的公共属性，为滨水区公共空间治理奠定行政基础，并促进广泛的社会共识。例如，2004年的《伦敦计划》（The London Plan）将泰晤士河及城市水道统合为"蓝丝带网络"（Blue Ribbon Network），强调伦敦的水系及滨水空间是"伦敦公共领域的一部分"，"不应是握有特权的人才能接近和享有的私有财产，而是每个人都可以使用"[20]。由于河畔土地大量由私人资本拥有，为防止岸线被私有化，大伦敦政府（GLA）强制要求开发商提供或资助河滨公共空间系统的建设，以换取开发资格[21]。

②建设滨水步道。2005年，伦敦金融城公司（City of London Corporation）率先展开了金融城段滨水步道的建设，在2005至2014年期间，先后实施了16项改善工作，包括步道的增设、连缀、拓宽、设施植入等。例如，在黑衣修士桥（Blackfriars Bridge）附近的河滨步道上架设了特色照明设施和曲面镜，既扩大了视觉空间，又创造了一处富有艺术气息的步行环境（图2.8）；格兰特码头（Grant's Quay）的原有台阶被斜坡取代，以改善可达性，同时引入了重要的植物景观和休息座椅（图2.9）。改造后，该处的行人数量增加了34%，行人停留时间延长了29%，使用满意度则提高了48%[22]。泰晤士河滨水步道不仅是"步行

图2.8 富有艺术气息的河滨步道

图2.9 改造后的格兰特码头滨水步道

伦敦"（Walk London）网络的一部分，更是全长290公里的国家级步道"泰晤士走廊"（Thames Path）的一部分。 对于市民和游客来说，如今的滨水步道不仅是一条交通路线，更是一处安静、放松的休闲场所。

③增强纵向连接。 除了持续进行横向的步道建设以外，公共空间再造的另一个重点是加强城市腹地–滨水步道–滨水岸线三者之间的纵向连接。 其中，泰晤士河北岸上、下街联通不畅一直是造成滨水空间纵向步行可达性差的主要障碍。 为此，政府在若干关键道路节点打通步行联系。 例如，在黑衣修士桥新增了人行横道，同时改善黑衣修士站的外部流线，使行人能安全、便捷地从城市腹地到达滨水步道[23]。 此外，泰晤士河畔周边土地大部分为私人所有，但其前岸线通常被建设为开放性的步道、草坪或公园。 这些公园的位置一般比岸线的防汛标高低，因此可再通过踏步、台阶等防汛设施与滨水步道连接，方便游客近水、亲水。

通过上述措施，滨水公共空间的品质得到显著提升，但使用者问卷调查显示，目前仍存在不少问题。 例如，滨水步道铺装材料使用混杂，照明设施的质量、设计、位置和颜色不具备一致性，休息座椅数量不足，非法骑行影响行人活动的安全，艺术装置、水景或滨水建筑细节方面缺乏特征等[24]。

2.3.3 公共活动提升

第三部分，增加滨水区公共活动数量：充分利用"水资源"来创造丰富多彩的社会活动，提升滨水空间的社会效益与经济效益。

①开展水上运动。 每年有一系列以水上运动为主的公共活动在泰晤士河举行。 例如，牛津大学和剑桥大学之间著名的赛艇比赛，每年吸引约25万观众前往观看，带来总计630万英镑的交通和餐饮消费；再如每年9月的"大河马拉松"（Great River Race），从金丝雀码头划船35公里到萨里郡（Surrey）的汉姆（Ham），吸引超过330名来自全球各地的船员参加[25]。 据估算，全年发生在泰晤士河畔的各种体育运动至少为1 000万次，所带来的消费保守估计为1.32亿英镑；同时，体育锻炼有可能帮助政府每年节省50万英镑的国民健康服务（National Health Service）费用[26]。

②开展水上观光。 为了更好地发挥泰晤士河的"宜人价值"（amenity value），政府对泰晤士河的观光、旅游功能进行全方位发掘，将其宣传为伦敦的"一处水上娱乐目的地"，"一个可以享受历史名城优美风景的地方"，"一个在繁华都市中享受宁静的避风港"等，并鼓励游客及伦敦人来"共享河流"（sharing the river）。自2014年起，每年9月，泰晤士河畔都会举办"完全泰晤士（Totally Thames）"艺术节，每年百余场大大小小的艺术活动吸引了几百万人参与其中⑦（图2.10）。 根据牛津经济研究院（Oxford Economics）对泰晤士河（伦敦段）2014年年度经济影响力的统计结果，当年2 340万人游览了泰晤士河畔的景点，470万人在泰晤士河上参与乘船或其他水上娱乐活动；泰晤士河旅游业及相关行业共创造了约24亿英镑的经济价值；在附近区域提供了9.9万个与观光旅游相关的工作岗位[27]。

图2.10　2017年"完全泰晤士"中的艺术展出

2.4　复兴的成就与挑战：泰晤士河开发概况与视景控制

卓有成效的生态治理与空间更新直接促进了最近三十年泰晤士河畔的城市大开发，大量标志性项目汇聚于"从北岸到南岸再到河口区"的广袤区域。泰晤士河为伦敦的城市复兴提供了不可复制的空间载体与宝贵资源；与此同时，两岸的城市形态与视觉景观也发生着剧烈变化，构成对伦敦规划管理的挑战。

2.4.1　城区北岸

城区泰晤士河北岸的天然地理形貌优于南岸——北岸相较南岸地势略高，形成南向坡地，易于接受光照；同时，湍流冲刷使北岸河水较深，方便船舶行驶和停靠[28]（图2.11）。因此，伦敦城市发展的历史核心源于北岸，其发展也一直优于南岸。英国政治中心威斯敏斯特和商业中心金融城都位于北岸。历史悠久的北岸拥有众多历史文化地标，其中圣保罗大教堂、伦敦塔和威斯敏斯特宫被认为是"三个具有重要战略意义的地标"[29]。

①圣保罗大教堂。圣保罗大教堂坐落在金融城的制高点拉德盖特山（Ludgate Hill）上，它初建于604年，后毁于1666年伦敦大火，由建筑师克里斯托弗·雷恩（Christopher Wren）设计并复建。圣保罗大教堂穹顶高度达111米，自1710年建成直至1967年都是伦敦最高的建筑物，"主宰"泰晤士河北岸滨水天际线近三百年。20世纪60年代以后，金融业、商业成为伦敦的支柱性产业，办公空间需求大幅上涨，伦敦开

图2.11 泰晤士河两岸地形剖面示意图

图2.12 金融城高层建筑群对伦敦塔的观赏造成了一定程度的干扰

始突破圣保罗大教堂统领的高度限制。为了保护地标建筑的领空意象，在1991年以来制订的《圣保罗大教堂战略性眺望景观规划》（Strategic View Landscape Plan of St. Paul's Cathedral）、《伦敦视景管理框架》（London View Management Framework，LVMF）等一系列景观管理框架中制定了严格的建筑高度管控政策[30]（详见第3章）。

②伦敦塔。为避免对大教堂的领空意象造成破坏，金融城的高层建筑群选择建设在更靠近东侧的区域，但不可避免地对东侧一处世界遗产地（World Heritage Site）——伦敦塔的观赏造成影响。从伦敦塔桥（Tower Bridge）向西北方向望去，金融城高层建筑群，特别是造型奇特的瑞士再保险公司大厦["小黄瓜"（the Gherkin）]与伦敦塔四个塔尖的关系十分突出[31]（图2.12）。当前，北岸的超高层建筑与圣保罗大教

图2.13   由威斯敏斯特宫、大本钟构成的严整的滨水景观

堂穹顶、伦敦塔在竖向空间上并置，造成古典与现代景观的直观碰撞。随着高层建筑数量越来越多，北岸天际线将会不断发生变化。LVMF建议，对历史地标建筑的观赏背景区的管理应更加敏感，保证其与新建的高层塔楼之间有一些视觉分离，以维护其突出的观赏价值。

③威斯敏斯特宫。威斯敏斯特从13世纪起就是英国王宫的所在地，也是英国国家的整个中央机构（包括立法、司法、行政机关）的所在地。在此区域内分布着大量伦敦乃至整个英国最重要的历史遗产，如威斯敏斯特宫、威斯敏斯特大教堂（Westminster Abbey）、大本钟（Big Ben）等。这些历史建筑与河岸的草坪景观组合成严整且富有变化的滨水景观（图2.13）。加强对威斯敏斯特区域历史遗产特征和外观的保护是泰晤士河北岸规划管理的重要内容，因此新的城市开发受到严格限制，这使该区域内的城市形态及建筑风貌一直以来维持着较好的协调性与一致性。

2.4.2   城区南岸

城区泰晤士河南岸指从西端的兰贝斯桥（Lambeth Bridge）到东端的伦敦塔桥，包括狭义上的南岸（Southbank）、河岸（Bankside）、伦敦桥区（London Bridge Quarter）、伯蒙德赛（Bermondsey）等区域。南岸浅滩是工业和码头的理想用地，因此，自18世纪起逐渐发展为工业区。但南岸因在第二次世界大战中受到空袭而遭到严重损坏，战后步入整体性的衰落，城市面貌趋向破败。

1951年，南岸地区被选为"英国艺术节"这一国家庆典的举办地。以此为契机，南岸被重新定义为伦敦的艺术与文创区，一系列标志性的文化项目被先后注入南岸区域——除了前述的泰特现代美术馆，还有国家大剧院（National Theatre）、莎士比亚环球剧场（Shakespeare's Globe）、皇家节日音乐厅（Royal Festival Hall）等。以上大型文化项目进一步衍生或吸引了相关的商业产业，形成了南岸中心、河岸、老南华克（Old Southwark）及伯蒙德赛 - 巴特勒码头（Bermondsey-Butler's Wharf）四处文化产业集群（图2.14）。遍布的文化艺术场所与南岸原有的历史景点共同塑造出极具吸引力的人文景观[32]。

　　由于南岸相对缺乏具备重大价值的历史遗迹，因此在城市形态与视觉景观控制方面呈现出较大程度的自由。20世纪初期建成的More London商业广场一度是南岸区域最高端的商务综合体，它尊重了南岸整体水平舒展的城市轮廓，但其建筑形态十分自由灵动。它包括市政厅（City Hall）、圆形剧场（The Scoop）、办公楼、商店、餐馆、咖啡馆和点缀有露天雕塑及喷泉的行人专用区；基座和植被区连贯交替呈现出的流线形态以及精致的工艺构造使广场景观简约而独特，一天能吸引大约3.5万名游客在此休憩、观光、参加节日集会（图2.15）。2012年建成的碎片大厦则一举"刺破"了南岸的天际线：它高310米（95层），是英国及欧盟内最高的建筑。建筑师伦佐·皮亚诺（Renzo Piano）将碎片大厦定义为"最具有视觉冲击力的地标建筑（the most visible landmark）"[33]。碎片大厦通过锥形体量及反射幕墙削减建筑对街区和河滨空间带来的压迫感，同时在不同高度层设置高档酒店、餐厅、观景平台等功能区，吸引了不少游客来此观光。碎片大厦与北岸金融城超高层建筑群遥相呼应，共同构成泰晤士河两岸最突出的城市景观（图2.16）。标志性项目带来的大量资金与人口极大地推动了南岸的整体复兴。近年来，南岸地区房地产市场呈现出强劲的发展态势：2014—2016年南岸地区住宅售价平均每年上涨2.6%，这一数字明显高于同期伦敦中心地段住宅2.3%的年度跌幅。这一差异在租赁市场同样显著：伦敦中心地段租金价格同期下降4.9%，而南岸基本保持不变[34]。为满足住房需求的增长，南岸地区近年来规划了更多住宅。

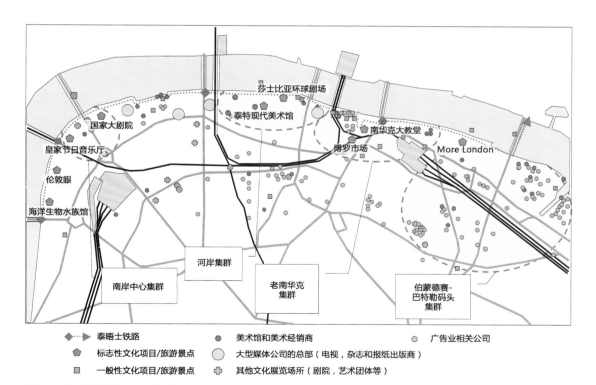

图2.14　沿南岸地区的文化产业集群

图2.15　More London滨水商业广场景观

图2.16　碎片大厦（前）和金融城高层建筑群（后）已构成了全新的滨水景观

2.4.3　老港区

　　老港区位于金融城下游3公里处，包括三面环水的狗岛（Island of Dogs）、格林尼治半岛（Greenwich Peninsula）及皇家码头（Royal Docks）等区域。这里水岸线长，景观资源丰富。第二次世界大战后老港区滨水地带（尤其是狗岛南部）开始大量建设低矮的多层社会性住房，斑块状开放空间散布其中，先前的工业景观悄然发生了改变。20世纪90年代，伦敦道克兰城市开发公司（London Dockland Development Corporation，LDDC）在企业区（Enterprise Zone）、城市发展补助金等多项政策的支持下，在狗岛北部开发了一处高楼林立的金融商业中心——金丝雀码头[35]，老港区的形象由此开始改变。

相比城区泰晤士河段，下游地区的开发限制少，因此更倾向主动通过城市设计来塑造现代化的滨水城市景观。金丝雀码头整体城市设计方案由美国SOM公司编制，一条东西向的空间轴线和视觉通廊呼应了西侧的金融城和东侧的千禧巨蛋，使三座超高层建筑按照三角形对称分布在空间轴线上，其中曾是"伦敦第一高"的加拿大广场1号（One Canada Square，高度244米，后被碎片大厦超越）处于中心位置并主导了天际线，形成视觉核心[36]。现在老港区滨水景观呈现明显的层次性，由南向北看，滨水区域多为低矮的多层住宅建筑，布局严整，立面多采用砖石材料；距离水岸较远的金丝雀码头区塔楼成群，现代化的玻璃幕墙外观与周边低矮的砖石建筑产生了鲜明的对比。

千禧年后的新一轮开发热潮在河畔引入了更多的高层住宅建筑，如110米的安大略塔（Ontario Tower），但其高度没有与金丝雀码头区域产生竞争。与金丝雀码头一水之隔的千禧巨蛋坐落在格林尼治半岛顶部，是金丝雀码头、奥林匹克公园、国际会展中心和伦敦城市机场三条空间轴线的交点。其圆形体量既符合平面上的"中心"地位，又创造了连续和均质的滨水景观。2012年伦敦奥运会主要举办地斯特拉福德（Stratford）也位于老港区。以奥运会为契机，政府一方面通过"可持续的城市设计"实现了"工业'棕地'清洗"并创造出生态化的滨水景观，另一方面大力推动了当地基础设施及配套房地产的开发。2015年修订的《格林尼治半岛总体规划》（Greenwich Peninsula 2015 Masterplan）将住房数量从约1万套大幅增加至1.6万套，千禧巨蛋正逐渐被住宅塔楼包围[37]（图2.17）。从繁忙的工业港口，到荒凉的"棕地"，再到现代化的商业中心，很明显，东伦敦这一部分的景观已经彻底改变，但大量住宅开发对该区域城市景观的长期影响还有待观察[38]。

图2.17 格林尼治半岛城市设计效果图

2.5　本章小结

　　伦敦市政府对泰晤士河持续多年的综合治理成效显著，成功地将泰晤士河从一条"死河"转变为"世界上最干净的大都市河口之一"[39]。因其在河流管理和生态恢复地方面的成就，泰晤士河赢得了2010年舍斯国际河流奖（Thiess International Riverprize）⑧。同时，精细化、系统化的公共空间重塑，以及政府、企业、市民等多元角色全面参与的公共活动提升，使本次的更新超越了单纯的生态改善及审美进步[40]，使泰晤士河成为一条"公共纽带"，激发了更大空间与时间范畴内的社会活力，显著体现了城市生态要素的公共价值。在此基础上，泰晤士河直接带动了伦敦的城市大开发，由此改变了河畔的城市面貌，使其从曾经的城市"后门"转变为展示城市标志性形象的"前门"。在此过程中，为形成泰晤士河两岸良好的城市形态及视景效果，伦敦在其规划及城市设计管理中注重对河畔重要视景廊道、建筑组群关系、标志性建筑高度等进行管控与引导，为类似尺度、类似条件下的区域空间复兴树立了典范做法。

注　释

① 资料来源：维基百科"River Thames"词条介绍。
② 资料来源：A Vision of Britain through Time 网站新闻"GB Historical GIS，University of Portsmouth，London Gov of through time，Population Statistics，Total Population，A Vision of Britain through Time"。
③ 资料来源：BBC 官方网站新闻"How the River Thames was Brought Back from the Dead"。
④ 资料来源：维基百科"Thames Water Authority"词条介绍。
⑤ 资料来源：同注释③。
⑥ 资料来源：The Guardian 网站新闻"Thames Water Hit with Record £20m Fine for Huge Sewage Leaks"。
⑦ 资料来源：Totally Thames 官方网站。
⑧ 世界上最负盛名的环境奖项之一，用以嘉奖在河流治理和保护方面取得显著成果的组织（资料来源：International River Founndation 网站）。

参考文献

[1]　Farrell, T. Shaping London: The Patterns and Forms that Make the Metropolis[M]. London: Wiley, 2009.

[2]　Corporation of London. Riverside Appraisal of the Thames Policy Area in the City of London[R]. London: Corporation of London, 2002.

[3]　王祥荣. 生态建设论——中外城市生态建设比较分析 [M]. 南京: 东南大学出版社, 2004.

[4]　Casapieri, P. Environmental Impact of Pollution Controls on the Thames Estuary, United Kingdom-The Estuary as a Filter[M]. London: Academic Press, 1984.

[5]　Cook, B. Werner, A. Breathing in London's History: From the Great Stink to the Great Smog[EB/OL]. https://www.museumoflondon.org.uk 网站.

[6]　Tien, J.H. Poinar, H.N, Fisman, D.N. et al. Herald Waves of Cholera in Nineteenth Century London[J]. Journal of The Royal Society Interface, 2010, 8(58): 756-760.

[7]　Ackroyd, P. Thames: Sacred River[M]. London: Vintage, 2008.

[8]　Clapp, B.W. Environmental History of Britain since the Industrial Revolution[M]. London: Routledge, 1994.

[9]　Wood, L.B. The Restoration of the Tidal Thames[M]. Bristol: Hilger Ltd, 1982.

[10]　同参考文献 [4].

[11]　同参考文献 [5].

[12]　娱竹. 泰晤士河的百年沧桑 [J]. 中华建设, 2015(04): 50-53.

[13]　同参考文献 [12].

[14]　唐伦. 英国水务管理的做法和经验 [J]. 四川环境, 1986(04): 19-25.

[15]　同参考文献 [12].

[16]　同参考文献 [9].

[17]　同参考文献 [2].

[18]　同参考文献 [1].

[19]　Pinch, P. Waterspace Planning and the River Thames in London[J]. The London Journal, 2015, 40(3): 272-292.

[20]　Mayor of London. The London Plan: Spatial Development Strategy for Greater London[M]. London: Greater London Authority, 2004.

[21] Davidson, M. Lees, L. New-build "Gentrification" and London's Riverside Renaissance[J]. Environment and Planning A, 2005, 37(7): 1165-1190.

[22] City of London. Riverside Walk Enhancement Strategy[R]. London: City of London, 2015.

[23] 同参考文献 [22].

[24] 同参考文献 [22].

[25] City of London. Thames Strategy: Supplementary Planning Document[R]. London: City of London, 2015.

[26] Port of London Authority. Adding Value: The River Thames Public Amenity[R]. London: Port of London Authority, 2015.

[27] 同参考文献 [26].

[28] 同参考文献 [1].

[29] Mayor of London. The London Plan: the Spatial Development Strategy for London [R]. London: Greater London Authority, 2015.

[30] Mayor of London. London View Management Framework[M]. London: Greater London Authority, 2012.

[31] 同参考文献 [30].

[32] Newman, P. Smith, I. Cultural Production, Place and Politics on the South Bank of the Thames[J]. International Journal of Urban and Regional Research, 2000, 24(1): 9-24.

[33] 杨震，周怡薇，蒋笛. 标志性建筑与城市文脉：基于伦敦案例的批判性述评 [J]. 城市建筑，2017(33): 46-50.

[34] Knight Frank. Focus on: South Bank 2016[R]. London: Knight Frank LLP, 2016.

[35] London Borough of Tower Hamlets: Isle of Dogs Area Action Plan[R]. London: Tower Hamlets Council, 2007.

[36] 韩晶. 伦敦金丝雀码头城市设计 [J]. 世界建筑导报，2007(02): 100-105.

[37] Knight Dragon Developments Ltd. Greenwich Peninsula 2015 Masterplan[R]. London: Royal Borough of Greenwich Planning Department, 2015.

[38] Feriotto, M. The Regeneration of London's Docklands: New Riverside Renaissance or Catalyst for Social Conflict?[D]. 2015.

[39] Taylor, V. London's River? The Thames as Contested Environmental Space[J]. The London Journal, 2015.

[40] 杨震，于丹阳，蒋笛. 精细化城市设计与公共空间更新：伦敦案例及其镜鉴 [J]. 规划师，2017, 33(10): 37-43.

图片来源

图 2.1：作者绘制，底图来自 Google Maps。

图 2.2：参考文献 [1]。

图 2.3：维基百科 "London:The Thames and the City" 词条介绍。

图 2.4：维基百科 "Dirty_father_Thames" 词条介绍。

图 2.5：作者根据参考文献 [1] 绘制，底图来自 Google Maps。

图 2.6：作者拍摄。

图 2.7：maps London 网站。

图 2.8：Twitter 用户主页。

图 2.9：New London Development 网站。

图 2.10：Arts Council England 网站。

图 2.11：参考文献 [1]。

图 2.12：Jonmaiden 网站。

图 2.13：Skyler International 网站。

图 2.14：作者改绘自参考文献 [32]。

图 2.15：左 :Mace.World 网站，右 :TimeOut 网站。

图 2.16：Foreign & Commonwealth Office 网站。

图 2.17： Building.co.uk 网站。

第 3 章
双塔记——圣保罗大教堂与泰特现代美术馆

"如果你在寻找他的纪念碑，请你环顾四周。"

　　这是英国17世纪著名建筑师克里斯托弗·雷恩（Christopher Wren）的墓志铭。雷恩安葬于圣保罗大教堂（St. Paul's Cathedral）——他最著名的建筑作品之一，也是他本人永恒的"纪念碑"。但这座著名的历史建筑实际上初建于公元604年。自建成起，它便是伦敦的宗教中心及最重要的城市地标，十几个世纪以来端坐在泰晤士河北岸，俯瞰着伦敦的变迁。与教堂隔岸相望的，则是伦敦另一个著名的地标建筑——泰特现代美术馆。它的前身岸边区发电厂（Bankside Power Station）曾作为伦敦工业发展的标志，在长达20年的时间里日夜吞吐着煤烟。20世纪末，发电厂被改造为现在的泰特现代美术馆，成为伦敦最受欢迎的现代美术馆。它高耸的烟囱彰显出伦敦南岸作为重要工业区的历史记忆，又隐含着这座城市半个多世纪来更新的澎湃历程。教堂与美术馆遥相呼应，通过跨河的千禧年步行桥（Millennium Footbridge）直接相连，

图3.1　从泰特现代美术馆望向圣保罗大教堂

成为泰晤士河畔醒目的"双塔"（图3.1）。随着伦敦的更新与发展，双塔被赋予了多重身份：文化场所、消费空间、旅游景点，并且在新旧对比、以旧寓新的过程中，成为具有象征意义的城市符号。

3.1　北塔：圣保罗大教堂

3.1.1　历史概述：由穹顶统率的天际线

现今的圣保罗大教堂由克里斯托弗·雷恩在伦敦1666年大火后重新设计建造，其横轴长69.3米，纵轴长156.9米，最高点距地面111米，是世界第二大圆顶教堂。中世纪时人们对宗教与皇权的崇拜催生了这座宏伟的教堂建筑，但今日的圣保罗大教堂增添了更多的市民色彩：它的广场及其周边街道经常成为重要节事活动的举办地，如丘吉尔的葬礼、马丁·路德·金的演讲、查尔斯王子和戴安娜王妃的世纪婚礼等；它也是伦

图3.2　圣保罗大教堂

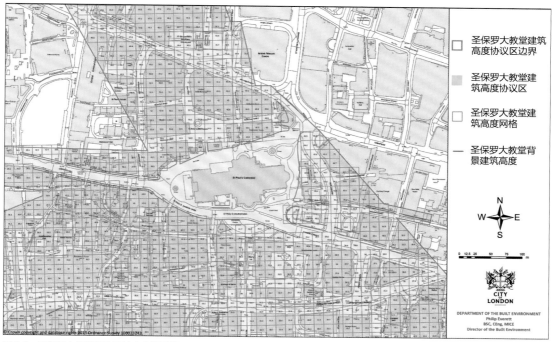

图3.3　圣保罗大教堂周边建筑高度指引图示

敦城内吸引游客最多的旅游景点，每年到此参观人数可达157万[①]；它在建筑、装饰、绘画等方面的研究价值也为各界所公认（图3.2）。

　　圣保罗大教堂在重建后的三百余年内一直是伦敦最高的建筑物，统率着城市的天际线，在其顶部观看全城风光一直是重要的城市传统。19世纪，英国进入维多利亚时代，伦敦的建筑规模与城市规模均显著扩大，为其天际线带来了新的可能性。随着经济与建筑技术的发展，20世纪30年代伦敦的新建建筑已对教堂穹顶形成遮挡之势，引起市民的争议与不满。为保护圣保罗大教堂的景观与视线，伦敦于1938年制定了以圣保罗大教堂高度为参照的建筑高度控制政策《圣保罗大教堂高度控制》（St. Paul's Heights），成为最早的高度控制平面图示[1、2]：文件围绕圣保罗大教堂划定出高度控制区（Height Policy Area），并按一定的比例在区内划分网格，每个网格内部的边缘视点标高与圣保罗大教堂眺望标高（海拔52.1米）构成的楔形平面即为高度控制平面，其中心点的高度即为该网格内的建筑高度上限。其最终成果表现为一张赋值的网格平面图，高度控制区内的建筑高度不允许突破网格内的数值。该文件中规定的高度控制区范围、制图方法一直沿用至今（图3.3）。

　　20世纪中期，伦敦经历了第二次世界大战空袭"扫除式"的破坏，城市的重建需求迫在眉睫。同时伴随着此时期建筑结构技术的巨大发展，商业与住宅高层塔楼不断拔地而起，伦敦城内的高层建筑呈现出了"插铅笔楼"式的点状分布。[3]至20世纪70年代，伦敦城内75米以上的建筑已有23座[4]，且呈继续增多的趋势（图3.4）。圣保罗大教堂穹顶对伦敦天际线的统率作用已不复以往，政府需要更明确与更规范的政策对其进行保护。

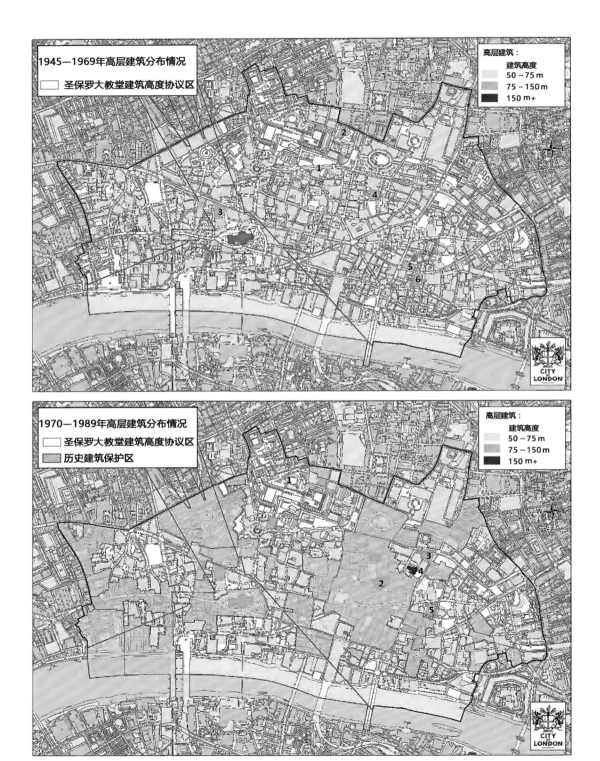

图3.4　1945—1969年伦敦城高层建筑分布情况（上）；1970—1989年伦敦城高层建筑分布情况（下）

3.1.2　当代挑战下的政策指引

伦敦市政府于 1976 年通过了《大伦敦发展规划》（Greater London Development Plan），首次确定了伦敦关键性地标的眺望景观保护，其中就包含《圣保罗大教堂高度控制》中规定的 3 条景观视廊。[5] 1991年，伦敦市政府出台《战略性景观规定》（Government's Strategic Views），旨在从伦敦自治市（London Boroughs）[②] 层面上对远距离的眺望景观作出保护[6]，共规定 10 处战略性眺望地点，其中 8 处都以圣保罗大教堂为观景对象，各自形成一条视线通廊。文件根据眺望点至圣保罗大教堂的视线宽度不同，划分出观景点和景观视廊（Viewpoint and Viewing Corridor）、广角眺望协议区（Wilder Setting Consultation Area）、背景协议区（Background Consultation Area）三类区域。前两类区域的眺望宽度分别为 300 米及 440 米，后一类区域的具体宽度则根据不同眺望点到圣保罗大教堂背景的最宽观景范围确定[7]（图 3.5）。此种分层次、分区域的管理方法，保证了具体眺望点的观赏效果，也使教堂周边的城市区域长期处于"扁平"状态（图 3.6）。

随着经济全球化的影响逐渐深入，作为"全球城市"的伦敦需要更多的空间来容纳不断聚集的人才和资本，建筑空间开始趋向"竖向发展"。同时，伴随着英国的城市更新进程，伦敦市政府对景观视线的管理也逐步由针对单个点状空间的条例性规定，发展为对大伦敦地区整体空间进行规划的管理框架，其中针对主要标志性场所的景观视线保护也与高层建筑的建设紧密关联。2000 年，大伦敦市政府（Greater London Authority）成立并出台《伦敦规划》（London Plan），以加强对大伦敦范围内三维空间的管理；伦敦金融城（City of London Corporation）政府出台《伦敦本地规划》（London Local Plan），对金融城内的历史遗迹保护、景观视线保护、高层建筑开发作出详细规定，其中核心策略第 12—14 章均与圣保罗大教堂的景

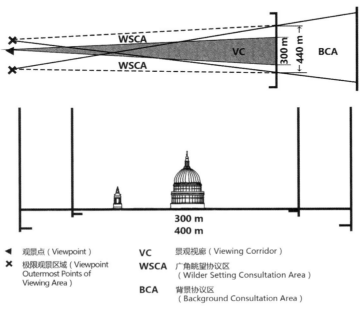

图 3.5　1991 年圣保罗大教堂眺望景观保护规定

图3.6 泰晤士河两岸的建筑呈现"扁平"状态

观保护密切相关，并附有详细的图则来保证规划的落实[8]（图3.7）。2007年，伦敦市长办公室颁布了修订版《伦敦视景管理框架》。作为《伦敦规划》的补充性文件，它首次建立了系统的景观控制体系，并一直沿用至今。文件规定圣保罗大教堂、威斯敏斯特宫、伦敦塔为三个战略性眺望对象，并在大伦敦范围内标明了27处景观眺望点，其中保留了1991年规定中圣保罗大教堂的8条视线通廊，沿用了广角眺望协议区、背景协议区的分区方法[9]。此外，LVMF还在图像技术上作出改进，采用全景照片、影片等形式对每个眺望点的观赏效果进行评价与展示；对建筑高度的表示方法也由平面图发展为二维与三维视图相结合的形式，使视景管理朝着更加灵活与精细的方向发展。

2007年版LVMF中对圣保罗大教堂的视线通廊宽度要求明显小于1991年规定中的原始宽度，2012年修订版LVMF虽然对视线通廊进行了适当拓宽，但仍然窄于原始宽度（图3.8）[10]。这在一定程度上显示出伦敦市政府对高层建筑的认可与鼓励，尤其是进入21世纪后，接连涌现的高层建筑持续挑战着圣保罗大教堂穹顶在伦敦天际线中的主导地位。

3.1.3 高层建筑发展

英国皇家美术委员会（Royal Fine Art Commission）在20世纪60年代的研究中认为，"谨慎地组织高层建筑成组群地建设，优于其以独栋形式出现"，并认为这更符合大众审美、更有利于对关键视线的组织

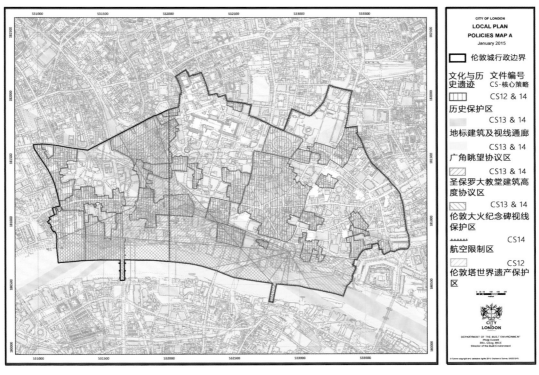

图3.7　《伦敦本地规划》中对圣保罗大教堂的景观保护规定

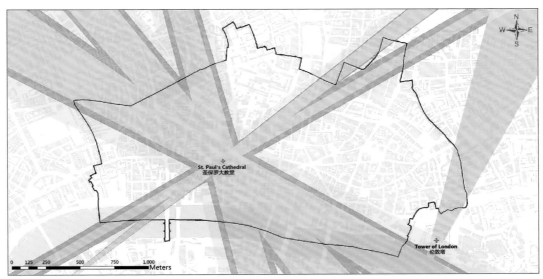

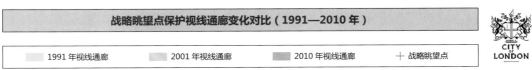

图3.8　1991—2010年LVMF中对圣保罗大教堂的视线通廊宽度要求变化

与保护[11、12]。圣保罗大教堂周边最显著的高层建筑群位于其东北部的金融城（City of London）内，该区域刚好避开了LVMF中对三处眺望对象的视线保护区及不宜建设高层区（图3.9），因此成为最先发展高层建筑的区域。根据伦敦市政府20世纪70年代的研究，高层建筑群对圣保罗大教堂显著的轮廓有两种可能的影响：一是作为"幕布"般的背景衬托出教堂穹顶，并形成对比；二是通过模糊或分散眺望视线来削弱教堂穹顶在天际线中的主导地位[13]。金融城高层建筑群即依照"幕布"原则进行设计：首先，高层建筑群的整体轮廓被控制为"山体"形状[14]，整体紧凑，内向又边界鲜明，以凸显其前方教堂半球形穹顶的独特轮廓（图3.10）；其次，为保证不对教堂穹顶形成视线遮挡，许多高层建筑的布局或者形态都进行了调整，如主教门大厦（Bishopsgate）在原本的设计上向南移动，兰特荷大厦对体量进行斜切以显露教堂穹顶（图3.11），"对讲机"大厦的高度降低了30多米，以使从关键眺望点的视线可直达教堂穹顶。除金融城外，另一重要的高层建筑群是20世纪70年代兴起的金丝雀码头高层建筑群，其中的标志性建筑加拿大广场一号（One Canada Square）及花旗、汇丰银行大楼等都为伦敦天际线带来了不小的起伏。但金丝雀码头高层建筑群与圣保罗大教堂间的视线联系被金融城高层所阻隔，因此其整体形象更像是位于伦敦东侧边缘的建筑组群（图3.12）。

近年来，个别新建的高层建筑单体也以独树一帜的形象，不断突破伦敦整体较为平缓的天际线。例如位于泰晤士河南岸的碎片大厦（309.7米）、黑衣修士大楼（One Blackfriars Road Tower，170米）、南岸塔（South Bank Tower，155米）等，它们不仅在体量上明显盖过教堂穹顶及金融城高层，其所附带的"明星效应"与争议性更是引发了伦敦市民的持续讨论。例如2013年竣工的碎片大厦，其高度刷新了伦敦建筑物的记录。支持者表示它可能取代圣保罗大教堂成为伦敦最重要的标志性建筑物，可以为伦敦天际线带来激动人心的改变；反对者则称其为一个"扭曲和折叠的镜面玻璃怪物"，削弱了伦敦城区历史上紧凑、水平的城市视觉整体性（详见第4章）。此外，福斯特事务所于2018年11月发布了其在伦敦城内的观光塔方案——郁

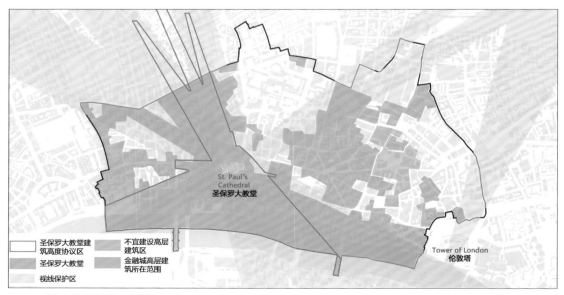

图3.9　伦敦金融城高层群区位关系

图3.10 伦敦金融城内高层建筑群的"山体"轮廓凸显出圣保罗大教堂的穹顶

图3.11 兰特荷大厦的"斜切"体量

图3.12　金丝雀码头高层建筑群

图3.13　碎片大厦与郁金香大楼的"对望"关系

金香大楼观光塔（the Tulip，全楼高305.3米），现已获得伦敦城规划委员会（City of London's Planning Committee）的建设许可③。建设完成后，郁金香大楼将成为伦敦市仅次于碎片大厦的第二高建筑物。郁金香大楼的观光塔与碎片大厦隔泰晤士河相望，二者都占据显赫的地理位置，具有醒目的造型及"明星建筑师"作品身份的加持，从侧面显示出伦敦市政府愈发大胆与具有野心的开发态度（图3.13）。

　　总体而言，近半个世纪以来，圣保罗大教堂面临不断升级的建筑高度挑战；伦敦市政府也在努力维持着历史与现代的平衡，其建立的精细化景观管理框架较有效地实现了对圣保罗大教堂等标志性场所的景观保护。在不断完善的政策指引下，伦敦中心区形成了以圣保罗大教堂为视觉中心、以泰晤士河为界，两岸呈现总体水平、部分区域超高层建筑聚集的形态[15]。但近年来南岸高层的接连兴起是否会打破这一较为稳定的视景格局，伦敦市政府又将如何应对，还有待进一步观察。

3.1.4 周边项目：新交易巷一号

沿着圣保罗大教堂东西轴线展开，向东即为落成于2010年的商务商业综合体新交易巷一号（One New Change，ONC）。这一项目的综合体建筑面积约5.2万平方米，包括约2万平方米的零售空间与3.1万平方米的办公空间，建筑屋顶作为360度观景平台对公众开放。[④]ONC作为金融城内唯一的购物中心，面对着兼顾　　　　　能与面积、建筑造型等多方面的挑战。ONC紧邻圣保罗大教堂，且部分位于教堂高度　　　　39.2米），竖向获取空间已不可能，建筑师让·努维尔（Jean Nouvel）采取水平发展的　　　　　个街区，只利用必需的内部通道进行体量切割。最终建成的 ONC实际高度为 33.4米，　　　　　的圣保罗大教堂身边，从高度上与周边历史建筑保持一致（图3.14）。但 ONC的建筑风格却引起了不小的争议，查尔斯王子认为它严重破坏了周边的古典城市风格，甚至写信给开发商要求替换掉让·努维尔[⑤]；伦敦市民与学界、政界人士也对由法国建筑师主导伦敦核心历史区域内的建筑设计表示不满。

建筑师本人则认为，该项目是对周边环境多样性的一种补充和揭示：该设计在场地内引入一条新的穿越路径，作为圣保罗大教堂东西轴线的延续，同时也将场地周围的街道相互连接起来，最终将人流导引到圣保罗大教堂（图3.15）。在建筑材料方面，该项目建筑物棕色亚光的全玻璃外立面备受争议，但建筑师认为建筑能时刻反射出教堂的雄伟身影，实则是对周边文脉的一种反映（图3.16）。

图3.14　从圣保罗大教堂穹顶俯视新交易巷一号

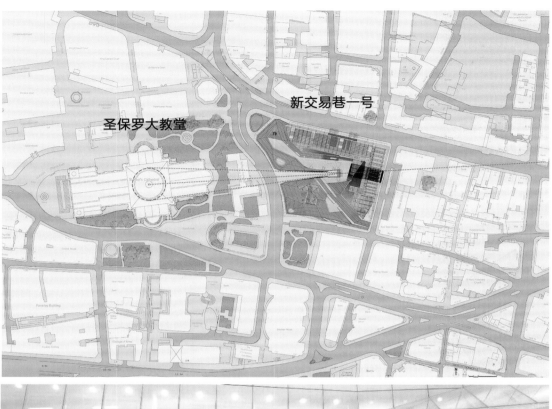

圣保罗大教堂　　　　　　　　　新交易巷一号

图3.15　新交易巷一号的穿越路径对圣保罗大教堂轴线的延续

图3.16　新交易巷一号外立面亚光玻璃对周围环境的反映

　　得益于努维尔本人的声誉以及开发商与政府间不断沟通的努力，项目最终按照原设计落成。它很好地延续了圣保罗大教堂的城市空间关系，在玻璃幕墙与钢铁表皮下，中心广场与街巷空间遵循了周边古典街区的空间逻辑；它的建成也完善了金融城内的消费系统，使其正在成为整合圣保罗大教堂周边不同类型人群、带动区域经济增长的新触媒。

3.2　南塔：泰特现代美术馆

3.2.1　历史概述：由美术馆推动的城市更新

　　泰特现代美术馆所在的南华克岸边区（Bankside，Southwark）是伦敦最早发展起来的地区之一，与圣保罗大教堂所在的金融城分踞泰晤士河两侧的伦敦中心地段，这里聚集着数座工厂、一座贸易中心（Hop Exchange）和一座发电厂。直到20世纪60年代，这里都是伦敦主要的工业贸易集散地。第二次世界大战后，受英国去工业化政策的影响，岸边区经历了工业场所废弃、人口外流、经济下滑的衰败过程；此外，岸边区北侧紧邻泰晤士河，其他三面均被铁路环绕，这一较为隔离的物质环境也成为其发展的阻碍。1972年，贸易中心关闭；10年后，发电厂关闭，区域内居民人数由1951年的约2.2万人锐减至1991年的6 500人左右[16]。但也正是由于其便捷的地理位置、廉价的场地租金，20世纪80年代后，大量移民艺术家和工匠在此聚集并从事艺术生产活动，催生了之后岸边区"文化导向"的城市更新。

"文化导向"的城市更新旨在将"文化"与"艺术"作为一种"资本"，以吸引高素质劳动力与优质投资，通过提升区域的内在价值实现外部发展。此类更新中，"文化实践"（cultural activity）常被看作更新进程的催化剂，典型方式是由公共财政进行文化投资，具体内容包括建设博物馆与美术馆、举办国际文化事件、兴办公共艺术项目等[17]。一般认为，美术馆的兴建对城市更新具有经济与社会两方面的作用，除了刺激直接与间接的经济投资、创造就业外，还带来了美术馆产业的溢出效应，推动了美术馆周边酒店、餐饮、购物等产业的发展[18]；美术馆所在的区域往往成为城市的"文化区"（cultural quarter），或美术馆自身成为"城市名片"，有利于打造城市品牌，提升市民自豪感。这一类城市更新的典型案例是毕尔巴鄂的古根海姆美术馆：利用一座美术馆建筑带动了一座后工业城市的转型，为其经济增长提供了一块"扔入水中的巨石"，并达成了城市的"品牌重塑与文化宣示"，形成了所谓的"毕尔巴鄂效应"[19、20]。

在伦敦岸边区更新中，泰特现代美术馆（以下简称"泰特"）就成功地充当了区域更新的催化剂。泰特由岸边区的废弃发电厂改造而来，于2000年正式对外开放，一跃成为世界最著名的美术馆之一，并以其自身的成功带动了区域的整体复兴。泰特开业后第一年，南华克区（London Borough of Southwark）⑥的经济水平就首次超过大伦敦平均经济水平，当年流入伦敦的约1亿英镑投资金额，就有5 000万~7 000万英镑进入了南华克区。近年来，泰特、国家大剧院、莎士比亚环球剧场、皇家节日音乐厅、南岸中心（South Bank Centre）、英国电影学院（British Film Institute）等文化场所共同组成了更大范围的"南岸与岸边区文化区"（South Bank and Bankside Cultural Quarter），每年可吸引游客1 300万人（其中仅泰特就约500万人），产生了约9亿英镑的经济价值，并直接或间接创造了3.4万个工作岗位[21]。现今的岸边区不仅是伦敦主要的投资目的地，还是主要的游客集散地及文化产业聚集地。泰特现代美术馆也已成为与圣保罗大教堂地位相当的标志性建筑，它不仅在建筑改造与再利用、美术馆空间塑造方面提供了研究价值，还推动了关于公共空间与私有空间关系的讨论（见后文）。

3.2.2 内涵变迁：泰特一期

泰特的前身是岸边区发电厂，它始建于1948年，后因工业衰落于1982年被正式关闭，其99米高的烟囱一直是旧时伦敦的地标之一。1992年，泰特委员会决定将馆藏的国外现代艺术品与英国艺术品分馆展览，部分展品将由位于威斯敏斯特的泰特不列颠博物馆（Tate Britain）迁入新馆，泰特管理层提出了对新馆选址的三条标准：①场地周边具有通达的交通设施及良好的公众可达性，并尽可能靠近伦敦市中心；②尽可能在废弃土地或未开发土地上选址，能以优惠条件获得土地权属；③场地面积足够容纳一座体积巨大的公共建筑，并为未来发展提供空间[22]。发电厂所在的岸边区与金融城隔岸相望，因长期衰败而土地价格低廉，发电厂自身的巨大空间又可为美术馆提供多种可能性，并降低建设成本。几经波折后，泰特委员会于1994年正式宣布将发电厂改造为泰特现代美术馆，并于同年举办关于其设计方案的国际竞赛，最终由赫尔佐格和德梅隆事务所（Herzog & de Meuron）胜出，获得了泰特的设计权。

　　胜出方案的主要策略是充分利用原发电厂的涡轮车间，移除原有接地层，形成了通高25米的长方形涡轮大厅（Turbine Hall）来作为美术馆的主展厅，并通过建筑西面的巨型坡道由室外花园缓缓沉入这一展厅，成为城市空间的自然延续。该方案的其他改造内容包括在原建筑的顶部加建长条形的玻璃盒子，作为观景及餐饮空间；将展览空间"插入"原建筑框架内，形成了第三、四、五层的展厅[23]。该方案"谦逊"地在原有结构框架内部进行改造，并很大程度地保留了原建筑的砖墙立面，延续了建筑的工业特质，同时满足了美术馆作为展览场所的空间需求。设计中最被人津津乐道的是对涡轮大厅的改造，有评论认为，其"凌驾于人"的巨大尺度，使参观者感受到的更多的是"臣服"，而非与艺术品的密切联系；但同时，涡轮大厅开放、无分隔的空间也从形式上消弭了空间的等级，其开放性与流动性鼓励人们的聚集与交往行为[24]，反而使身处其中的人感到自由与"变得渺小"的激动⑦（图3.17）。

　　除建筑自身的改造，胜出方案还提出了对建筑周边公共空间进行整体设计的思路，设计师与泰特委员会的原意是将涡轮大厅设计为24小时免费开放、无可见监视设备的"覆顶街道"[25]，以"吸引那些并不必要进入美术馆的人群走进展厅"，使得经改造后的涡轮大厅成为"各个方向人流穿行的过渡空间"[26]。虽然这一设计初衷并未得到实现，但"使泰特成为城市公共空间的一部分"的观念却引发共鸣，并在泰特与理查德·罗杰斯（Richard Rogers）合作发布的设计文件《岸边区城市研究》（Bankside Urban Study，2001）中体现得更具操作性。文件重点关注围绕泰特形成的两个尺度的发展区域：岸边三角区（Bankside Triangle）与泰特社区（Tate Modern Neighborhood）（图3.18），并针对每个区域提出了交通设施、人行步道、公共空间等方面的设计建议，以进一步增强泰特与周边区域的联系。在针对泰特社区的设计建议中，文件划定了紧邻泰特的三处公共空间，分别为北侧滨水广场、西侧主入口室外花园、南侧公共绿地，并规定了沿公共空间应重点打造的活跃街面；文件还确定了应加强潜在的步行流线，分别为河岸步道、千禧

图3.17　涡轮大厅开放、无分隔的室内空间

图3.18　《岸边区城市研究》中划定的两个发展区域

年步行桥、南华克区火车站及象堡（Elephant and Castle）来向，并建议贯通涡轮大厅的南北向连接，使北侧千禧年步行桥人群得以无障碍进入南岸腹地；此外，还有关于泰特周围建筑高度、绿化通廊等方面的规定 [27、28]（图3.19、图3.20）。可以看出，涡轮大厅始终是打通美术馆内外连接的关键手段，虽然至今泰特仍没有完全对外开放涡轮大厅，但泰特是否会为了呈现更好的开放性而向前迈出创新性的一步，让我们拭目以待。

3.2.3　社会话题：泰特二期

　　泰特一期获得巨大成功后，为容纳越来越多慕名而来的参观者，泰特委员会在其西南侧增建了泰特二期——螺旋屋（Switch House）。二期仍由赫尔佐格与德梅隆事务所设计，于2016年正式向公众开放。新馆高达10层，64.5米的体量在高度上与北侧的烟囱相呼应，并增加了约60%的展览空间，并因其独特的旋转型体量在顶层形成了360度的观景层，参观者可在此处俯瞰泰晤士河两岸景色。二期的选址是考虑到避开圣保罗大教堂的视线保护通廊，扭转与"挤压"的造型也是为了满足周围建筑对光的需求⑧，但其材质变化却引发了一些讨论：在2005年公布的方案中，二期是由全玻璃围合成的"玻璃盒子"，实际建成时却变成了全砖墙立面。有观点认为，这种更为"封闭"与低调的立面材质隐喻了美术馆"去西方中心化"及"文化包罗万象"的内涵⑨，这一点从二期增加了对亚洲、非洲等地的艺术品收藏中也可窥见一二。此外，现今的美术馆已逐渐扩展为"社交场所"，成为"相遇的地点及社会关系的汇集点"⑩，因此二期的

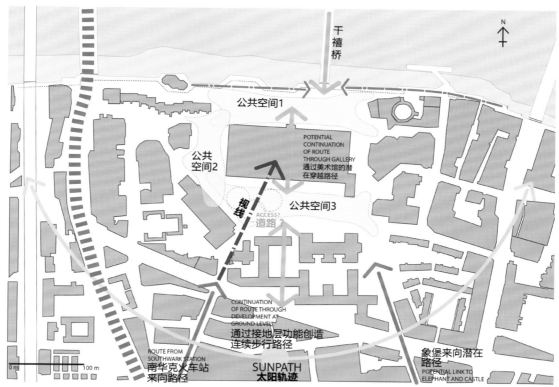

图3.19　《岸边区城市研究》中对泰特现代美术馆与周边步行路径连接的规定

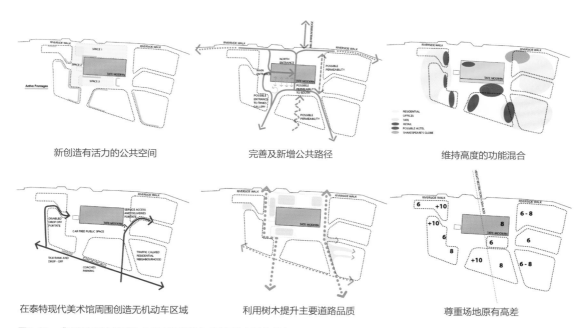

新创造有活力的公共空间　　　　　　完善及新增公共路径　　　　　　维持高度的功能混合

在泰特现代美术馆周围创造无机动车区域　　利用树木提升主要道路品质　　　　尊重场地原有高差

图3.20　《岸边区城市研究》中对泰特现代美术馆周边环境的规定

内部装修也作出了相应改变——根据赫尔佐格的描述，二期内部应该"像教堂一样，在整体的空间下拥有许多更小的空间，供人们更亲密地交往"。因此，二期内部设置了许多角落与壁龛供人们休憩与游览，提供了十分友好的社交体验。

　　南岸的发展也吸引了房地产商追逐利益的目光。2006年，泰特迎来了一位新邻居新河岸公寓（Neo Bankside Apartment），该项目由四座12～24层的塔楼组成，正面朝向泰特西侧入口，向西形成了内部庭院。新河岸公寓体现了建筑师理查德·罗杰斯一贯的高技派风格：外露的钢骨架支撑起全玻璃幕墙，建筑以通透无比的外形与旁边的泰特形成鲜明对比（图3.21）。值得注意的是，罗杰斯当时是伦敦市政府的设计顾问，他在研究报告中指出，岸边区的"商务、旅游、住宅发展都应顾及当地居民的实际需求"[29]，但他后来却成为这栋当地居民负担不起的超级豪宅的设计者。

　　泰特二期落成之前，泰特一期的存在曾是新河岸公寓的最大卖点——号称是业主们的专属艺术馆，全玻璃外立面也为业主观赏泰晤士河两岸风光提供了可能性。但在二期落成之后，一系列尴尬与矛盾随之而来：它像墙面一般堵住了公寓对泰晤士河与圣保罗大教堂的眺望视线，并破坏了公寓北立面的对外展示形象；最严重的是业主的私人生活受到了影响——位于二期第10层的360度观景平台与公寓豪宅形成了直接的对视，参观的泰特人群不经意间就会饱览公寓住户的日常生活，甚至连房间内的家具摆设都看得一清二楚。一方面，业主为坚守自身中上阶层的品位拒绝挂上窗帘来保护隐私，并且聘请律师阻止游客的窥视，还有一些住

图3.21　泰特二期与新河岸公寓

> bravabravobrava
> NEO Bankside
>
> 61 次赞　　　　　　　　32 周
>
> 1 bravabravobrava Yes, we're ALL looking.
> #neobankside #richardrogers #voyeurism
> #interiordesign #outofamagazine
> 2 kuaainauk Awesome! 👏👏
> 3 christian_ferretti 👍
> 4 willcrookzz nice you can stand naked in
> your apartment and somehow be
> percieved as art
> 5 jenskar Have to love how one resident has
> dealt with constant voyeurism from the
> Tate Modern. One of those facts of life in
> the city, if you want the views, you have to
> take what comes with it.
>
> 1. 住户1：是的，我们"都"在看。
> 2. 住户2：好极了！
> 3. 住户3：点赞！
> 4. 住户4：真好，你可以赤身裸体地站在公寓里，并被当作艺术。
> 5. 住户5：必须充满欢喜地去应付来自美术馆游客的不停地窥探。这就是
> 城市生活，假如你要景观，你也得接受它带来的后果。

图3.22　新河岸公寓住户以互动方式表达不满

户以互动的方式表达讽刺与不满（图3.22）；另一方面，泰特管理者坚信大众观景的权利同样神圣而不可剥夺，因此拒绝封堵朝向公寓的窗口与平台。双方的拉锯战就此展开，"观看"与"被观看"成为泰特场馆外一场旷日持久的行为艺术，公共空间与私有空间的优先性也变得莫衷一是。

3.3　本章小结

城市复兴的进程中，对原有的城市特色资源要素进行精心的维育与更新（而不是简单粗暴地拆除或者面目全非地改造），有助于形成独特的空间触媒效应，吸引新的人口和产业的涌入，将给城市带来源源不断的活力，形成良性的复兴循环。其间，城市设计在空间体验营造方面具备不可替代的优势。

与此同时，新的开发也会不断改变城市的特质，正如伦敦面对的现实：圣保罗大教堂穹顶对天际线的统帅作用日渐衰弱，城市扁平化特征逐渐消失，以及城市肌理与其他国际都市趋同。一方面，如何在复兴的进程中避免城市特色被抹平或者异质化，是城市设计需要时刻保持警惕的；另一方面，城市复兴也意味着城市空间的再分配与争夺——泰特二期与新河岸公寓的纷争，在某种程度上表征了不同社会人群（游客 vs.居民）、不同空间利益（文化产业 vs.地产开发）、不同空间属性（公共空间 vs.私有空间）的冲突。这些冲突会长期存在于城市复兴的整个过程中。

"文化导向"的城市更新具备非比寻常的潜质，但往往也造成物质空间及文化认知的绅士化。在泰特的案例中，过快的社区改造与更新过程让泰特周边的原住民感到无所适从、无法融入，这与泰特更新的初衷相

悖。泰特馆长唐纳德·海斯罗普（Donald Hyslop）认为，城市更新如要维持长久的成功，不能仅仅依赖于"一砖一瓦"的建设，而是要经历三个逐渐深入的阶段：物质环境改造（the buildings）、居民行为改造（the activity）和文化认知改造（the intellectual）。[30]泰特现代美术馆已在美术馆设计、运营等方面树立了新的标准，之后它将如何更切实地回应当地居民的需求，则有赖于美术馆、政府、开发商及当地社区之间的密切合作。其间，如何更好地利用城市设计的手段在物质环境层面来调节、优化空间的利益分配，促进广泛的社区协作与达成社会共识，是需要长期思考的问题。

注 释

① 资料来源：statista 数据网。

② 伦敦自治市是大伦敦（Greater London）以下的行政地区。大伦敦下辖的自治市共有 33 个，位于中心的 12 个加上金融城（City of London）统称内伦敦，外围的 20 个统称外伦敦。

③ 资料来源：The Guardian 网络新闻。

④ 资料来源：维基百科"One New Change"词条介绍。

⑤ 资料来源：The Guardian 网络新闻。

⑥ 南华克区是大伦敦下辖的自治市之一，位于泰晤士河南岸，与伦敦城隔岸相望。岸边区位于南华克区内最北侧，直接与泰晤士河相邻。

⑦ 资料来源：Financial Times 网络新闻。

⑧ 资料来源：ArchDaily 网络新闻。

⑨ 资料来源：The Guardian 网络新闻。

⑩ 同注释⑦。

参考文献

[1] 卢峰，蒋敏，傅东雪.英国城市景观中的高层建筑控制——以伦敦市为例 [J]. 国际城市规划，2017, 32(02): 86-93.

[2] 陈煊，魏小春.解读英国城市景观控制规划——以伦敦圣保罗大教堂战略性眺望景观为例 [J]. 国际城市规划，2008, 223(2): 118-123.

[3] Tavernor, R. and Gassner, G. Visual Consequences of the Plan: Managing London's Changing Skyline[J]. City, Culture and Society, 2010(1): 99-108.

[4] City of London Corporation, Department of the Built Environment. Tall Buildings in the City of London: part2[R]. London: City of London Corporation，2018.

[5] 同参考文献 [1].

[6] City of London Corporation, Department of the Built Environment. Tall Buildings in the City of London: Part1[R]. London: City of London Corporation，2018.

[7] Department of the Environment. Regional Planning Guidance: Supplementary Guidance for London on the Protection of Strategic Views[R]. London: HMSO, 1991.

[8] City of London Corporation, Department of the Built Environment. London Local Plan[R]. London: City of London Corporation, 2015.

[9] Greater London Authority. London View Management Framework: Supplementary Planning Guidance[R]. London: Greater London Authority, 2012.

[10] 同参考文献 [6].

[11] 同参考文献 [3].

[12] Catchpole, T. London skylines: A Study of High Buildings and Views, Reviews and Studies Series[M]. London: London Research Centre, 1987.

[13] City of London. City of London Development Plan, Subject Study St. Paul's Heights[R]. London: Corporation of London, 1978.

[14] 同参考文献 [3].

[15] 杨震，周怡薇，蒋笛.标志性建筑与城市文脉：基于伦敦案例的批判性述评 [J]. 城市建筑，2017(33): 46-50.

[16] Dean, C. Establishing the Tate Modern Cultural Quarter: Social and Cultural Regeneration Through Art and Architecture[D]. The London School of Economics and Political Science, 2014.

[17] Ennis, N. and Douglass, G. Working Paper 48: Culture and Regeneration—What Evidence is There of A Link and How Can It Be Measured[R]. London: Greater London Authority, 2011.

[18] Dean, C., Donnellan, C. and Pratt, A.C. Tate Modern: Pushing the Limits of Regeneration[J]. City, Culture and Society, 2010(1): 79-87.

[19] 同参考文献 [15].

[20] Anna K. 品牌＋建筑：体验经济下的建筑设计 [M]. 北京：电子工业出版社，2014.

[21] British Council. Does Culture-Led Urban Regeneration Work? [R]. London: British Council, 2014.

[22]　同参考文献 [16].

[23]　同参考文献 [16].

[24]　米歇尔·福柯 . 规训与惩罚（修订译本）[M]. 刘北成，杨远婴，译 . 北京：生活·读书·新知三联书店，2012.

[25]　同参考文献 [18].

[26]　Moore, R. and Ryan, R. Building Tate Modern: Herzog & de Meuron Transforming Giles Gilbert Scott[M]. London: Tate Gallery Publishing, 2000.

[27]　Richard Rogers Partnership. Bankside Urban Study: The Bankside Triangle[R/OL]. tate.org.uk 网站 .

[28]　Richard Rogers Partnership.Bankside Urban Study: Tate Modern Neighbourhood[R/OL]. tate.org.uk 网站 .

[29]　同参考文献 [16].

[30]　同参考文献 [17].

图片来源

图 3.1：拍摄者 Duncan A. Smith，CityGeographics 网站图片。

图 3.2：维基百科 "St. Paul's Cathedral" 词条图片。

图 3.3：City of London Corporation 网站图片。

图 3.4：参考文献 [4]。

图 3.5：参考文献 [7]。

图 3.6：作者拍摄。

图 3.7：City of London Corporation 网站图片。

图 3.8：来自 City of London Corporation, Department of the Built Environment. City of London tall buildings evidence paper[R]. London: City of London Corporation, 2010。

图 3.9：作者改绘自 City of London Corporation, Department of the Built Environment. Protected Views: Supplementary Planning Document[R]. London: City of London Corporation, 2012。

图 3.10：拍摄者 Andrew Scorgie, The Leadenhall Building 网站图片。

图 3.11：上：Rogers Stirk Harbour + Partners 网站图片，下：拍摄者 Andrew Scorgie, The Leadenhall Building 网站图片。

图 3.12：拍摄者 Andrew Scorgie, The Leadenhall Building 网站图片。

图 3.13：渲染图作者 Foster + Partners，The Tulip | Combing London heritage and modernity 网站图片。

图 3.14：作者拍摄。

图 3.15：上：作者改绘自 Ateliers Jean Nouvel 网站图片，下：作者拍摄。

图 3.16：作者拍摄。

图 3.17：作者拍摄。

图 3.18：作者绘制，底图来自 Google Maps。

图 3.19：参考文献 [28]。

图 3.20：参考文献 [28]。

图 3.21：作者拍摄。

图 3.22：Instagram 网站图片。

第 4 章
去河的南边——碎片大厦兴建始末与争论

"高楼大厦都是侵略性的，是权力和利己主义的傲慢象征。"

2000年，英国开发商艾文·塞拉尔（Irvine Sellar）约意大利建筑师伦佐·皮亚诺（Renzo Piano）在柏林会面，邀请他操刀南华克塔（Southwark Tower）重建项目。在交谈中，皮亚诺说出上述观点，流露出对传统高层建筑的鄙夷。随后，他在餐厅菜单的背面勾勒出概念草图——"一座以伦敦教堂的尖顶和停泊在泰晤士河岸船只的桅杆为灵感的优雅尖塔，轻轻地消失在天空中"[1]（图4.1）。这便是后来被称为"碎片大厦"的建筑的纸上雏形。

2009年3月，在泰晤士河南岸、正对金融城的南华克区——一片低矮、破败的老城区内，一座设计面积达13万平方米的建筑物在仅4 000平方米的基地上"破土发芽"。随后建筑物稳定"生长"：2010年11月，它取代位于金丝雀码头（Canary Wharf）的加拿大广场1号（One Canada Square， 244米），成为英国最高建筑；2011年12月，它超越位于德国法兰克福的商业银行大厦（Commerzbank Tower， 299

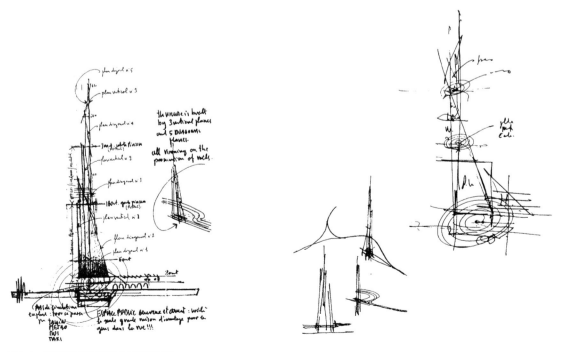

图4.1　皮亚诺手绘的碎片大厦概念草图

图4.2　碎片大厦建造过程

米），成为欧盟最高建筑；2012年3月30日，随着66米高的玻璃尖顶被固定到位，碎片大厦最终停止于310米（95层）的高度（图4.2）。

4.1　兴建的背景

4.1.1　"长高"的伦敦

自17世纪以来，伦敦一直保持着中世纪致密紧凑的城市肌理，城市天际线总体水平、舒展。直到19世纪，《伦敦建筑法案》（London Building Act, 1894）都一直对城市中的建筑高度进行严格的控制，以保护伦敦密集狭窄的街道空间，并凸显圣保罗大教堂等重要纪念建筑的神圣领空意象[1]。在许多伦敦人的心目中，高层建筑是典型的美国建筑形式，是一种消极、投机的"可疑产品"，对城市的历史风貌有摧毁性的作用[2]。

20世纪50年代的战后重建时期，现代主义高层建筑进入伦敦：几座粗野主义风格（Brutalism）的高层建筑如英国电信塔（BT Tower, 189米）、巴比肯庄园塔楼（Barbican Estate, 123米）、盖伊大厦（Guy's Tower, 143米）等从伦敦舒展的水平天际线中"突兀"地冒出来，"刺破"了伦敦长久以来舒缓平静的上空。20世纪70年代以后，奉行新自由主义的保守党政府大力推动伦敦的经济转型，鼓励更多的私人资本参与工业区域的城市更新与开发，使得金丝雀码头等地开始出现大量的高层商务、商业建筑，如上文提到的加拿大广场1号（One Canada Square）等。

20世纪90年代以后，新工党政府上台，进一步放松了对伦敦中心区高层建筑的限制，主要原因有：

①人口增长压力。1999年，由建筑师理查德·罗杰斯（Richard Rogers）领衔的城市工作组（Urban Task Force）在给政府制定的白皮书中提出：促进伦敦城市复兴的关键是"人口稠密、形态紧凑、交通便利"[3]。实际上，伦敦市的人口一直在持续增长——预计到2050年，大伦敦（Greater London）总人口将超过1 100万，配套的办公、住房、零售等空间需求将显著增加。为容纳持续增加的人口，又保持相对紧凑的城市形态，伦敦市决心在中心区进行"向上建设"（building upwards），以更好地利用中心区的稀缺土地资源。

②"全球城市"竞争。在"全球城市"（global city）竞争的大格局下，许多城市将重塑城市天际线视为提升城市形象的途径之一[4]——由于高层建筑与"现代性"的联系，它被许多人视为全球城市的"必要条

件"[5]。另外，伦敦作为世界三大金融中心（还包括纽约和东京）之一，更希望通过建设高层建筑来提供更多及更高质量的办公空间，以留住流动性极强的全球资本，并捍卫其在欧洲城市中的领先地位，尤其要克服来自法兰克福和柏林的竞争[6]。反过来，全球资本的持续流入也进一步助推伦敦成为资本主义的"试验场"，加速了其建筑和城市形态的"全球化"[7]。

③行政首长助推。1999年，由英国议会通过的《大伦敦政府法案》（Greater London Authority Act，1999）对伦敦市进行了行政重组，赋予市长在伦敦城市空间发展中制定战略和行政主导的权力[8]。时任伦敦市市长肯·利文斯通（Ken Livingstone）一贯倡导将城市形象作为提高城市竞争力、促进城市营销的资产加以利用。他认为，"伦敦处于低迷状态，需要大量投资"[9]，而高层建筑是"经济繁荣和渐进的商业环境的象征，建设标志性建筑可以为伦敦吸引投资"[10]。在利文斯通及其继任者鲍里斯·约翰逊（Boris Johnson）的助推下，泰晤士河北岸的金融城等中心区域涌现了大量标志性高层建筑，例如前文提及的主教门大厦（Bishopsgate）、兰特荷大厦、"小黄瓜"、"对讲机"大厦等。

4.1.2 TOD的影响

伦敦虽然开放了高层建筑限制，但这并不意味着允许无序开发。1998年，英国政府发布白皮书《交通新政：为所有人创造条件》（A New Deal for Transport: Better for Everyone），倡议"在主要交通枢纽如火车站发展高密度建筑"。时任伦敦市市长肯·利文斯通认为，靠近交通节点的高密度商业或混合用途开发，具有减少通勤需求和鼓励使用公共交通的双重优势，是一种具有可持续性的开发模式；同时，在适当的地点增加商业密度会对周边区域产生积极的经济影响[11]。另外，在土地资源有限的情况下（尤其是在城市中心区），这种高密度的聚集效应在很大程度上只能通过高层商业建筑来实现（或最大化实现）。因此，依托TOD（Transit-oriented development）来建设高层建筑成为自然的选择。金丝雀码头就是一个围绕轨道交通节点建立高密度开发的例子：在当地工作的9万名职员中，大部分人的工作空间聚集在Jubilee地铁线或码头区轻轨（DLR）的三个站点附近；从1988年到2006年，金丝雀码头早高峰乘客增加了近700%，但私人车辆通勤者仅增加了50%，其余部分都由公共汽车、DLR和Jubilee线承担[12]。

这种在公共交通节点附近进行高密度开发虽然符合市场经济逻辑，但它无法产生有整体感和美感的城市形态——如果不进行城市设计控制，数以百计的塔楼可能将"散布"在城市中各个交通节点的位置，缺乏秩序和层级[13]。因此，为确保"卓越的设计质量"，伦敦市政府要求重要交通节点上的建筑发展计划必须呈至建筑与建成环境委员会（Commission for Architecture and the Built Environment，CABE）、英国历史建筑和古迹委员会（English Heritage，EH）等众多机构共同审查②。

4.1.3 关于选址与高度的决策

碎片大厦位于泰晤士河南岸的南华克自治市（Southwark）的伦敦桥区（London Bridge Quarter），这里除了靠近历史建筑伦敦塔桥（Tower Bridge），还坐落着一座有近两百年历史的Ⅱ级登录建筑——伦敦桥火车站（London Bridge Station）（图4.3）。尽管处于与金融城仅一河之隔的绝佳位置，并且有塔桥和铁路将其与北岸连接，但伦敦桥区一直以来都保持着缓慢的发展步调。20世纪60年代后，随着船舶大型化和集装箱化的物流革命兴起，装卸载区也逐渐转移至深水码头港口，以河滨工业为支撑的南华克市迅速衰落，20世纪80年代中期，工人全部流失后留下大批废弃厂房，一片萧索。直到20世纪90年代中期，随着附近港区的改善（如金丝雀码头）和1996年伦敦合作伙伴关系（the Pool of London Partnership）等城市复兴机构的建立，伦敦桥区，这个金融城的"可怜邻居"的命运出现了转机。1999年，Jubilee线延长线的开通和伦敦市政厅（City Hall）的建设是伦敦桥区再生的两个里程碑[14]，然而真正被寄予带动地区整体复兴期望的，是以泰晤士铁路计划（Thameslink Programming）为契机展开的伦敦桥火车站重建项目。泰晤士铁路是一条贯穿大伦敦南北的铁路网，北起贝德福德（Bedford），南至布莱顿（Brighton），长225公里。它连通了盖特威克机场（London Gatwick Airport）、卢顿机场（Luton Airport）、"欧洲之星"列车（Eurostar）、大都会线（Metropolitan line）、伦敦地铁等重要的交通枢纽或线路。泰晤士铁路于1988年启用，1998年起遭受严重拥挤。2000年，Railtrack公司正式开展了一个投资60亿英镑的庞大计划，全面扩大和升级原有铁路网和站点，以覆盖更广泛的地区，同时提升运输能力[15]。伦敦桥火车站是伦敦第二繁忙的火车站，于1836年投入使用后经历多次重建，以适应不断增长的运输容量需求，是南岸地区火车、公交车和地铁的汇集点，每天为12万人服务[16]。因此，重建伦敦桥站以适应高峰时期的泰晤士铁路列车，并扩

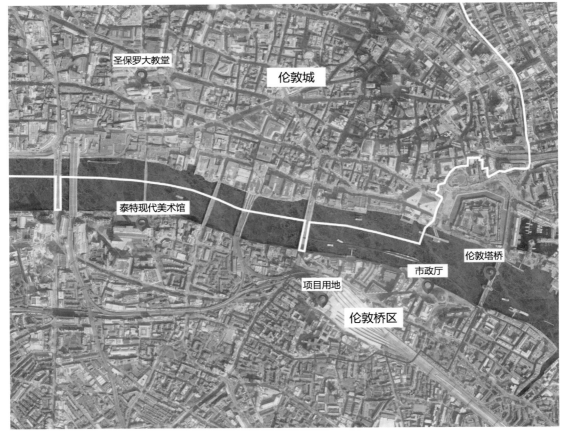

图4.3　伦敦桥区区位图

大邻近的公交车站，同时提供配套零售设施成为该项目的核心诉求。

碎片大厦所处的位置紧邻伦敦桥站，原址上本为一座 1.9 万平方米的南华克塔（Southwark Tower），开发商 SPG（Sellar Property Group，老板即为前文提及的艾文·塞拉尔）起初仅打算购置其作为物业投资资产。后来受到 TOD 政策及泰晤士铁路计划的鼓舞，SPG 决定将投资思维转变为发展思路，拆除南华克塔并建设一座超过 13 万平方米的摩天大厦，以最大限度地利用公共交通并实现伦敦桥区城市空间的"集约化发展"[17]。

开发商的计划公布后，引起了广泛讨论。南华克市的决策者认为这座大厦有机会产生"溢出效益"（spillover effect），因此其极高的高度和引人注目的设计将具有重要意义；市长肯·利文斯通对此也表示强烈支持，认为它应该是"一个真正的世界级建筑"，"一个具有独特形象的戏剧性地标建筑"，对伦敦的天际线和城市形象将起到积极作用[18]。而 CABE、EH 等机构则持保留观点，认为"过高的高度只是出于经济原因"，"体量过大的建筑在狭窄的场地肆虐"[19]，"碎片大厦将出现在国会山（Parliament Hill）和肯伍德府（Kenwood House）两处伦敦全景（London Panoramas）中③，对圣保罗大教堂产生消极影响"[20]。鉴于该项目的重要性，SPG 总共举办了 300 多次公众会议，并从各个角度制作了 150 张 CGI 效果图[21]，试图说服所有利益相关者。2003 年，在政府公开调查后，南华克塔所处的 0.43 公顷土地规划申请获得批准，但提案阶段 400 米的建筑高度最终被降至 310 米[22]（图 4.4）。

图 4.4　碎片大厦在低矮的南岸地区"一枝独秀"

4.2 设计过程

4.2.1 总体规划

南华克市和伦敦许多地方一样，保留了历史悠久的街道肌理和紧凑致密的城市形态。因此在这里建设高层建筑的关键挑战之一是使建筑与周边城市环境形成有机的整体。显然，高层建筑需要大型核心筒和巨大的柱子来承担横向推力和重力，因此从大量历史案例来看，高层建筑往往倾向于内部空间的"自我构建"，而忽略了底层与周边环境的界面处理[23]。CABE在2000—2003年对提案的专家审查阶段（panel review）关注到了这一点，并着重讨论了"塔楼与伦敦桥站的关系"这一关键问题，包括塔楼如何落地、如何与火车站进行衔接、如何合理安排公众的换乘线路等。CABE认为，高层建筑在街道层面的效果与对天际线的影响同等重要，对于项目融入城市文化和市民日常生活也至关重要。为此，CABE建议委托给设计团队更大的总体规划面积，制定一个包含公共领域、交通转换区域的约束性设计"协议"，并要求在此过程中坚持收集公众意见，为该区域的整体规划提供持续的民意支撑[24]。最终，该项目被扩大为囊括三座高层建筑——碎片大厦、新闻大厦（the News Building，17层）、碎片公寓（Shard Place，26层），以及碎片商业街（Shard Arcade）、火车站大厅、车站广场和巴士总站在内的"碎片区"（Shard Quarter），分三个阶段建造（图4.5）。

①第一阶段：碎片大厦及火车站大厅建设（2009—2013年）。由于泰晤士铁路计划进度滞后（1991年

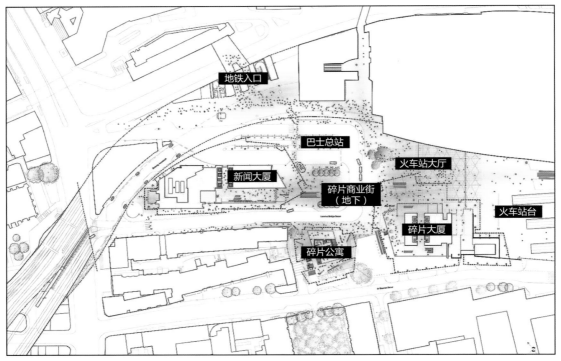

图4.5 "碎片区"平面图

提出，2009年才开始实施），伦敦桥火车站的重建晚于碎片大厦的建设启动。重建后的火车站整体容量扩充了三分之二，其站台层被整合为9个通过站台和6个终点站台，有效减少了列车在站外等候的时间。车站原有的屋顶被替换为玻璃穹顶，在引入自然采光的同时使车站和碎片大厦的玻璃立面连为整体（图4.6）。改造期间，为了不中断位于二层的站台的使用，新的车站大厅被设置在碎片大厦一层，并在主入口一侧设有自动扶梯与站台直接连接[④]（图4.7）。同时，地铁站内的电梯可将乘客直接运送至塔楼内的办公室，极大地方便了办公人员通勤。为了鼓励办公人员使用公共交通出行，碎片大厦仅设置了48个机动车停车位[⑤]。

②第二阶段：新闻大厦及车站广场建设（2012—2014年）。新闻大厦位于碎片大厦西北侧，是一座17层高的办公建筑，几乎所有英国知名新闻社的伦敦分部目前都已入驻其中[25]。新闻大厦的不规则"切割"体量及反射幕墙与碎片大厦形成很好的呼应，并与碎片大厦界定出两个30米×30米的公共广场，公共广场成为该项目的核心空间，连通了巴士站、地铁站入口和火车站大厅（图4.8）。

③第三阶段：碎片公寓和碎片商业街（2014—2020年）。该计划包括一座26层的住宅建筑，提供176套拥有一间到三间卧室的公寓和一个供居民使用的私人屋顶花园，以及新的公共设施（包括休息室、电影院、水疗中心和健身房等）、广泛的景观绿化和多层次的零售物业（图4.9）。碎片商业街将地铁站与三座塔楼连接起来，主要为碎片区的居民和上班族提供食物饮品、美容时装等生活服务。私人住宅和零售商业的引入将进一步加强"碎片区"的社区活力。

图4.6 改造后的伦敦桥火车站

图4.7   塔楼首层与公共交通连接（扶梯与火车站台连接，左侧通道连接地铁入口）

图4.8　新闻大厦与碎片大厦的体量、外墙有一定的呼应（上）；公共广场联系了两座塔楼及车站（下）

图4.9　碎片公寓效果图

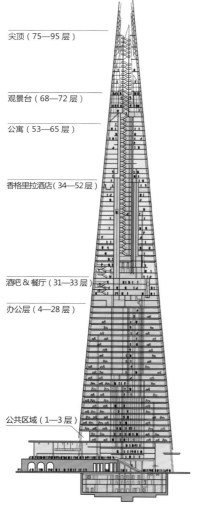

尖顶（75—95层）

观景台（68—72层）

公寓（53—65层）

香格里拉酒店（34—52层）

酒吧＆餐厅（31—33层）

办公层（4—28层）

公共区域（1—3层）

图4.10　碎片大厦竖向功能分区图

4.2.2　建筑形态

碎片大厦因外墙由八片玻璃"碎片"（a shard of glass）围成而得名，它整体形似玻璃金字塔——底座宽大，逐渐向上收窄，顶部有锯齿状尖塔"刺向"天空。皮亚诺对于提出这个极具冲击力的造型给出的理由是：一个雕塑般的尖顶可以打破泰晤士河南岸平庸的天际线，与对岸高楼丛生的金融城形成呼应，更可以在伦敦的城市全景中表现其敏锐和耀眼的存在。

为了达到水晶般纯净的视觉效果，碎片大厦的被动式双层立面采用了超白玻璃，阳光的移动或是灯光的变化都会带来立面效果的改变。另外，玻璃"碎片"之间的"缝隙"作为开放的通风口为室内提供了自然通风，将密封的建筑与外部自然环境联系起来。"缝隙"处的空间在办公层通常被用作会议室或休息室，在公寓层则被设置为冬季花园[26]。锥形体量还带来了结构体系的创新性和灵活性。碎片大厦40层以下采用钢结构，以适应大跨度空间需求；40—69层跨度较小的楼面采用钢筋混凝土结构；70—95层的"尖顶"为钢框架[27]。

4.2.3 混合用途

在功能方面，开发商塞拉尔希望创造一个"垂直城市"（vertical city），因此在大厦巨大的锥形体量中通过垂直分区布置了不同的使用功能（图4.10）：1—3层为公共接待区域，底部（4—28层）楼面较大、适合商业运作的楼层为办公空间，可容纳1.2万名办公人员；中间楼层（34—52层）为酒吧、餐厅等社交空间，以及205间五星级酒店的客房，较小的楼面面积可以满足每间客房的观景需求；锥体上部（53—65层）因足够纤细，被设计为可四面观景的豪华公寓，其中大部分公寓为一层，少数公寓占据两层；碎片大厦顶部（68—72层）设置有两层公共观景廊，包含室内观景平台和露天"空中阳台"（Skydeck），是游客俯瞰伦敦全景的最佳地点[28]（图4.11）。混合用途意味着办公室工作人员、酒店客人和用餐者、公寓居民以及观景廊游客都必须拥有自己的交通流线，因此碎片大厦内设置了44部电梯，在地面各入口、广场层和主要功能区之间进行分区运送[29]。

碎片大厦是伦敦最大，也是第一座真正意义上的混合用途高层建筑。它紧邻伦敦桥火车站这一"生命线"[30]，为公众提供了工作、休闲、购物、医疗等多种体验场所，其中许多场所全天候24小时运营，这使碎片大厦类似一个充满活力的多元化社区，而非传统的封闭式商务楼（图4.12）。

图4.11 碎片大厦顶部的观景平台

图4.12　多元化运营的碎片大厦

4.3　碎片大厦对城市的影响

4.3.1　视觉认知

　　碎片大厦在形式上具有强烈的冲击力和戏剧性，很难被划定为是大胆的未来派还是复古主义。一方面，其简洁的三角形几何形态、全透明玻璃幕墙具有鲜明的现代性，与周边低矮的建筑相比，超尺度的体量更是营造出一种外星来物般的"未来感"；而另一方面，有学者认为碎片大厦的玻璃"金字塔"形态与建于17世纪的圣保罗大教堂的穹顶有着相似的隐喻，因此将其视为一座突出、可以被整个城市看到的复古主义"纪念碑"[31]。虽然存在一定争议，但不能否认的是它创造了令人印象深刻的"建筑图标"。在全球化背景下，简单的矩形框似乎已经不能满足高层建筑形象的"差异化"需求，独特的设计被视为产生即时可识别性的先决条件[32]。

　　2013年，一项关于伦敦桥区"地方品牌"的委托调查显示：大多数受访者认为与伦敦桥地区不可分割或最相关的三个地点依次为伦敦桥火车站（92.5%）、巴罗市场（Borough Market，73%）、碎片大厦（72%）；而在该地区的景点知名度排序中，新近建成的碎片大厦更是位列第二名，超越了伦敦塔桥、伦敦塔等历史遗迹——超过70%的受访者将其评为该地区五大景点之一，其中16%的受访者称其为该地区的头号景点[33]。可以看出，建成后的碎片大厦迅速在伦敦桥区的视觉识别和地方象征方面占据了主要地位，它就像一座易被观测的"灯塔"，有效扩大了伦敦桥区域的边界，从而提升了这片长期衰败区域的影响力。

4.3.2　公共领域

　　"碎片区"对周边区域公共领域的提升带来了积极影响。

　　①街道环境的改善。碎片大厦和伦敦桥火车站的重建使人流量大幅增长，因此伦敦桥区正在进行环境品

质、交通安全、社区文化、商业发展等各项内容的全面提升。伦敦桥火车站北侧的图里街（Tooley Street）将成为伦敦桥区的主要入口和商业核心。为了改善该街道的物质环境，伦敦桥区的设计和管理团队采取了一系列措施，包括减少和控制车辆交通来保证进出车站的人行安全性，创造对行人和自行车友好的街道；改善车站出入口的标志系统；通过道路改造将其与伦敦桥和该区域其他重要地点进行更便利的连通[34]。图里街与车站的渗透性整合将创造一个重新焕发活力的公共领域。南侧的圣托马斯街（St.Thomas Street）作为碎片大厦的主要出入口也正在进行初步的环境改善，包括提高街道环境的安全性和舒适性，保护沿街旧建筑的历史特征，以及利用车站大量人流发展起临街的零售业和餐饮业。

②植入低线（Low Line）项目。低线是借鉴在纽约大获成功的高线公园（High Line）而发展出的一项战略，目标是利用南岸地区现有的铁路高架桥创造一个新的文化休闲目的地，规划方案从沃克斯豪尔站（Vauxhall Station）到南伯蒙德赛站（South Bermondsey Station），共四英里长[35]。其主要策略包括将车站和高架桥下的古典主义"拱门"激活、改造为零售空间，以支持中小型企业、商店、餐馆，发展充满活力的夜晚经济，塑造街头文化；沿线建设世界级的步行和自行车路线，来连接滑铁卢桥（Waterloo Bridge）、黑衣修士桥、象堡（Elephant and Castle）等景点；整合和改善沿线的公共空间，提供连贯、高质量的公共绿地等。该项目目前已在滑铁卢站到伦敦桥站之间的地区展开实施，将进一步向伦敦桥区延伸。除了将图里街、圣托马斯街的改造纳入其中，该项目还会向东带动德鲁伊街（Druid Street）、荷里路德街（Holyrood Street）等区域的改善（图4.13）。

图4.13　改造后的火车站及街道环境

4.3.3　经济发展

由于地理位置偏离伦敦传统的商务商业中心以及泰晤士铁路建设滞后，碎片大厦在建成初期一度无人问津，甚至被评论家戏称为"白象"（white elephant，意为成本超过收益的虚假财富体）[⑥]。但随着市区办公空间日益紧缺，碎片大厦的出租率逐步提升，60万平方英尺的办公空间已经全部出租，并在2015年创造了每平方英尺90英镑的伦敦最高租金[⑦]。除高规格办公空间外，大厦的五星级酒店和高档餐饮每年带来约20万人次消费。其顶部全景住宅售价高达5 000万英镑[⑧]。而作为伦敦最高点的观景平台，碎片大厦的观光平台门票高达25英镑，远远超出伦敦甚至世界范围内的其他高层观景台[⑨]。开业第一年，碎片大厦的观景平台就迎来了超过100万名观光客。

作为一个巨大触媒，"碎片区"还带动了毗邻的伯蒙德赛（Bermondsey）、象堡等落后区域的开发，激发了One Tower Bridge Road、The Quill等一批新的大型综合项目。同时，"碎片区"还将国际企业的注意力首次吸引到泰晤士河南岸：2015年，伦敦桥区建成500万平方英尺的办公空间，办公空间空置率仅为1%[36]，创造了除金融城和金丝雀码头之外的"伦敦第三商业区"[37]。

但是，在建设过程中，由于受到2008—2012年全球信贷紧缩的影响，碎片大厦的项目融资一度陷入困境，开发商最终将80％的股份售予卡塔尔财团以获取资助。因此，碎片大厦表面上是伦敦保持全球金融中心地位的象征，但它的背后却隐含着金融资本从西方向中东的转移，这令一些政治人士和伦敦市民感到不适[38]。但以2012年伦敦奥运会为契机，碎片大厦的标志形象迅速在全球范围内流传，这仍然极大地有助于金融衰退后的伦敦重塑开放、繁荣的全球城市形象（图4.14）。

图4.14　碎片大厦开幕庆典上的灯光秀宣示了其"标志性"地位

4.4　争　论

尽管碎片大厦对区域发展产生了积极的促进作用，但对于它标志性的形象及它与伦敦整体天际线和历史地标的关系，一直存在广泛争议。人们对碎片大厦的批评主要集中在以下三方面：

①过于强烈地挑战了历史地标的领空意象。如前文所述，2007年颁布的《伦敦视景管理框架》是控制高层建筑选址的主要规划指引，它规定在13条法定视觉走廊（viewing corridor）及其背景协议区（wider setting consultation area）内建设高层建筑，必须确保不会对历史地标（圣保罗大教堂、威斯敏斯特宫、伦敦塔桥等）产生重大影响[39]。而碎片大厦所在的伦敦桥区恰是LVMF中两条景观视廊（国会山2A.2/肯伍德府3A.1）的背景区（参见图1.10）。EH抨击其过于高大的体量对圣保罗大教堂产生了"压迫性"的影响⑩；联合国教科文组织也表示，由于过于靠近泰晤士河水面，它影响了世界遗产伦敦塔桥的"视觉完整性"⑪（图4.15）。

②与伦敦城市文脉背道而驰的建筑形式。EH曾讽刺碎片大厦"像一束玻璃一样穿过历史悠久的伦敦"⑫，认为它尖锐的锥体形态和全玻璃外立面与伦敦的历史文脉完全背道而驰（尽管它的外立面采用的是可以反射周围环境的幕墙），尤其它超大的尺度还破坏了森林山（Forest Hill）的全景景观——从森林山向北眺望时，整座城市笼罩于碎片大厦制造的"未来主义阴影"之中（图4.16）。

③压缩了泰晤士河两岸的城市公共景观空间。金融城和"碎片区"的开发热潮使越来越多的大型私人项

图4.15　碎片大厦对圣保罗大教堂（左）和伦敦塔桥（右）的观赏效果产生了一定影响

图4.16　森林山全景景观中，这座充满未来感的建筑统领了城市的天际线

图4.17　泰晤士河河道日渐逼仄

目汇聚到泰晤士河南北两岸，为尽可能"榨取"河道景观，许多办公、公寓大楼顺着河道绵延排列，这使得从某些角度看去，在几百年间都保持疏阔开敞的泰晤士河道变成了一个狭窄的"涵洞"（图4.17）。一些评论家和市民批评这无法挽回地导致了河岸整体景观的失控，认为碎片大厦是耸立于泰晤士河畔的"金融家财富的纪念碑"和"空洞的奢侈品"，破坏了城市空间的"公共性"[13]。

　　然而，对于许多"渴望伦敦塑造崇高的首都形象"的支持者来说，碎片大厦的诞生意味着"伦敦真正进入21世纪"。2014年的一项民意调查显示，57%的人认为碎片大厦改善了伦敦的天际线，仅15%的人表示这让天际线变得更糟[14]。支持者们称赞"碎片大厦的反射幕墙可以随着光线和季节产生变化，是伦敦天际线美丽的组成部分"（建筑师理查德·罗杰斯）[15]。与此类似，位于金融城的"小黄瓜"也获得了52%的支持率，但被诟病设计不佳的"对讲机"大厦仍被大多数市民认为对天际线产生了负面影响。至于对圣保罗大教堂的影响，一方面，以市长利文斯通为代表的支持者认为，"圣保罗大教堂石材穹顶和碎片大厦的透明玻璃尖顶

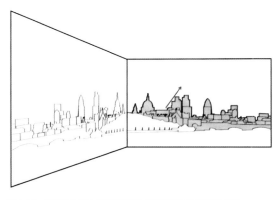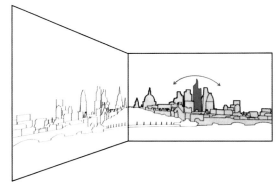

图4.18　苍鹭塔（图中红色建筑）建设前后的天际线对比

之间的对比甚至会强化大教堂的轮廓"，因此，碎片大厦"不会使其地位或意义贬值"[40]。另一方面，许多人指出：虽然政府一直强调城市形态的整体性，但由于目前伦敦高层建筑的分布建立在遵循视景管理框架和TOD区域优先的被动逻辑上，客观上仍然造成了高层集群被切割并散布在城市各处的不良局面。在此情况下，应该进一步发挥开发商及设计师的主观能动性，更积极地去塑造具有整合性的建筑型体及轮廓——作为这种观点的一个佐证，2011年落成的苍鹭塔（Heron Tower，202米）成为金融城建筑群的新中心，它挺拔的形态在一定程度上收束并提领了金融城散乱的整体天际线[41]（图4.18）。

4.5　本章小结

　　碎片大厦对泰晤士河南岸乃至整个伦敦中心区的影响是广泛而深远的，它造成的"碎片效应"（the Shard effect）再一次验证了超尺度的标志性建筑对城市复兴有强有力的促进作用⑯。在此过程中，标志性建筑的内涵实际上远远超越了建筑学的讨论范畴，它的选址、形态、功能等受到政治、资本力量的强势作用。它以区域品牌塑造为首要目标，寻求获得标新立异的视觉认知体验和高额的经济回报；而作为结果，标志性建筑也容易陷入自我参照、耗费严重甚至遭到公众调侃戏谑的局面。然而从历史案例来看，一部分如今受到公众认可的标志性建筑（如圣保罗大教堂、埃菲尔铁塔等）也曾经历挑战传统认知的争议，但随着公众审美能力的整体变迁和城市发展的不断进阶，它们最终获得趋于一致的赞赏，并融入城市的整体形象之中。这也说明，类似伦敦这样的历史名城和全球城市，其城市形态是长达几个世纪的建设累积的产物，并且随着城市永不休止的发展动态而长期处于演变之中。因此，一个全球城市的形象永远不完全取决于个别标新立异的摩天大楼，而是与城市中其他多元丰富的建成环境一起被观赏和评判。在任何情况下，城市设计师与建筑师都应更积极地担负起责任——坚守更加长远的实践立场，选择高水平的方法，优化城市文脉和公共领域，并关切被忽视群体的社会利益。

注　释

① 1894年，维多利亚女王（Queen Victoria）推出《伦敦建筑法案》，禁止伦敦市的任何建筑物超过80英尺（约24米）。该法案是在建造了14层高的安妮女王大厦公寓（Queen Anne's Mansion）后引入的，女王反对这一公寓，因为它阻挡了王室从白金汉宫（Buckingham Palace）眺望威斯敏斯特宫（Palace of Westminster）的视线（资料来源：参考文献[13]）。

② 英格兰历史建筑和古迹委员会是英国一个非政府部门的公共机构，负责登记在册的保护建筑（listed building）和历史古迹的管理维护工作。它的前身是1983年成立的英国遗产组织（English Heritage）。2015年英国遗产组织变更后分为英格兰历史建筑和古迹委员（Historic England，继承公共职能）和英国遗产信托（English Heritage Trust，运营历史遗产的慈善机构）两个部分。为方便阅读，本书统一采用"英格兰历史建筑和古迹委员会（Englsih Heritage）"的名称。

③ LVMF中规定了"伦敦全景"（London Panoramas）、"线性景观"(Linear Views)、"河流前景"(River Prospects)及"城市景观"（Townscape Views）四种类型共27个战略景观，并划定了相应的视景走廊（其中13个具有法定地位）。其中国会山和肯伍德府是两处"伦敦全景"观测点，碎片大厦所处的伦敦桥区是这两个"伦敦全景"观赏的背景区域（资料来源：参考文献[39]）。

④ 资料来源：NetworkRail网站新闻"Transforming North-south Travel through London"。

⑤ 资料来源：The Skyscraper Center网站"the Shard"词条介绍。

⑥ 资料来源：Mail Online网站新闻"Almost Empty after a Year... the Shard Turns into the Tallest White Elephant in the World"。

⑦ 资料来源：CITYA.M网站新闻"London Property Prices:The Shard Skyscraper Smashes Record for Office Rents as Leonteq Securities Takes Entire 26th Floor"。

⑧ 资料来源：The Guardian网站新闻"High Living,Low Sales：Shard Apartments Still Empty Five Years on"。

⑨ 碎片大厦顶层观景平台的成人票价为24.95英镑，远远超过圣保罗大教堂金色画廊（1英镑）；国会山、樱草山和格林威治山等观景平台甚至是免费的（资料来源：the View from the Shard网站新闻）。

⑩ 资料来源：The Guardian网站新闻"Prescott approves disputed 'shard of glass' tower"。

⑪ 资料来源：Evening Standard网站新闻"Shard Casts a Shadow over Tower's Future as Wonder of the World"。

⑫ 资料来源：Archive网站。

⑬ 资料来源：The Guardian网站新闻"The Shard is a Broken Society's Towering Achievement"。

⑭ 来自YouGov机构2014年的一项调查（资料来源:YouGov官方网站）。

⑮ 资料来源：Gardenvisit.com网站新闻"The Shard Architecture and Skyline Landscape Symbolic Reviews"。

⑯ Foresight的创始人伯纳德·费尔曼（Bernard Fairman）认为在碎片大厦办公对企业吸引新的业务目标和客户起到显著的推动作用，故提出"碎片效应"（the Shard effect）一词。（资料来源：The Shard官方网站）。

参考文献

[1] Sellar, I. Developing An Icon: the Story of the Shard[J]. CTBUH Journal, 2015 (04): 138-145.

[2] Dupre, J. Skyscrapers: A History of the World's Most Extraordinary Buildings [M]. New York: Black Dog and Leventhal, 1996.

[3] Urban Task Force. Towards an Urban Renaissance[M]. London: Routledge, 1999.

[4] McNeill, D. The Mayor and the World City Skyline: London's Tall Buildings Debate[J]. International Planning Studies, 2002, 7(4): 325-334.

[5] Zukin, S. London and New York as Global Financial Capitals[J]. Global Finance and Urban Living: A Study of Metropolitan Change, 1992:198.

[6] 同参考文献[4]。

[7] Fraser, M. The Global Architectural Influences on London[A]. London (Re)generation[M]. edited by Littlefield, D.London: John Wiley & Sons, 2012.

[8] Mayor of London. The London Plan: Spatial Development Strategy for Greater London[M]. London: Greater London Authority, 2004.

[9] Carmona, M. Magalhães, C.D. Natarajan, L. Design Governance: The CABE Experiment[M]. London: Routledge, 2017.

[10] Strelitz, Z.From Guidance to Action[J].Urban Design Group Journal, 2016(139): 14-15.

[11] 同参考文献[4]。

[12] Buchanan, C. and Partners.The Economic Impact of High Density Development and Tall Buildings in Central Business Distrcts[R]. London:British Property Federation, 2008.

[13] Mathewson, D. Whither London's Skyline[J]. Urban Design Group Journal, 2016 (139): 14-15.

[14] Denison, E. London Bridge: the Shard[A]. London(Re)generation[M]. edited by Littlefield, D. London: John Wiley & Sons, 2012.

[15] 同参考文献[14]。

[16] Moazami, K. Slade, R. Engineering Tall in Historic Cities: the Shard[J]. CTBUH Journal, 2013(02): 44-49.

[17] 同参考文献[1]。

[18] Charney, I. The Politics of Design: Architecture, Tall Buildings and the Skyline of Central London[J]. Area, 2007, 39(2): 195-205.

[19]　Weaver, M. Battle Begins for London Bridge Tower[EB/OL]. theguardian 网站 .

[20]　Markham, L. The Protection of Views of St. Paul's Cathedral and Its Influence on the London Landscape[J]. The London Journal, 2008, 33(3): 271–287.

[21]　同参考文献 [1].

[22]　Appert, M. Montes, C. Skyscrapers and the Redrawing of the London Skyline: A Case of Territorialisation through Landscape Control[J]. Articulo–Journal of Urban Research, 2015(special issue 7).

[23]　同参考文献 [16].

[24]　同参考文献 [9].

[25]　同参考文献 [14].

[26]　赵丹 . 伦敦碎片大厦 [J]. 城市建筑，2014(19): 34–43.

[27]　同参考文献 [1].

[28]　孙晨光 . 伦敦桥大厦，伦敦，英国 [J]. 世界建筑，2012(07): 82–87.

[29]　同参考文献 [26].

[30]　Safarik, D. The Other Side of Tall Buildings: The Urban Habitat[J]. CTBUH Journal, 2016(01): 20–25.

[31]　同参考文献 [7].

[32]　同参考文献 [18].

[33]　Ideado Consulting. The London Bridge Place Identity Project[R]. London: Ideado, 2013.

[34]　Team London Bridge. London Bridge Plan[EB/OL]. issuu 网站 .

[35]　Matthews, A. The Low Line[R]. London: Better Bankside, 2015.

[36]　同参考文献 [34].

[37]　同参考文献 [7].

[38]　同参考文献 [14].

[39]　Mayor of London. London View Management Framework[R]. London: Greater London Authority, 2012.

[40]　同参考文献 [22].

[41]　Ganssner, G. Seeing Capitalism in the View[J]. Urban Design Group Journal, 2016(139): 23–25.

图片来源

图 4.1：The Shard 官方网站。

图 4.2：维基百科"the Shard"词条。

图 4.3：作者绘制，底图来自 Google Maps。

图 4.4：standard.co.uk 网站。

图 4.5：Archdaily 网站。

图 4.6：Zentribe 网站。

图 4.7：作者拍摄。

图 4.8：The Shard 官方网站。

图 4.9：左：New London Development 网站，右：Lucasuk 网站。

图 4.10：SkyscraperPage.com 网站。

图 4.11：London Visitors 网站。

图 4.12：Ministerio de diseo 网站。

图 4.13：同图 4.6。

图 4.14：akspic 网站。

图 4.15：参考文献 [39]。

图 4.16：维基百科"the Shard"词条。

图 4.17：Pigott Shaft Drilling Ltd 网站。

图 4.18：参考文献 [41]。

第 5 章
冲突与共识——伦敦国王十字区更新计划

"协商过程漫长而艰难，但我们为当地社区建设与传达的，都令我们感到自豪。"

伦敦国王十字区更新计划是欧洲20世纪以来最大的城市更新计划之一，项目占地27公顷，耗资近30亿英镑，当时计划于2020年建成城市综合体，涵盖教育、商务、零售、科技、居住等多种功能，至2023年将吸引4.2万人在此聚集，并最终成为一处具有丰富的历史内涵与现代色彩、文化多样、不断进取的"微缩伦敦"[1]。正如伦敦其他后工业地区的再生过程一样，国王十字区更新包含了大规模的物质空间改造；同时又因其独特的历史背景与居民结构，包含了错综复杂的多方利益平衡过程。正如开发商 Argent 所说的那样，规划者与开发商主要借助"公众参与"这一工具实施利益协调；在协调与博弈的过程中，各利益群体之间体现出反复不断的"冲突与共识"。国王十字区更新现已接近尾声，其间的开发决策者、实施者及参与者到底获得了怎样的利益分配，阶段性的更新成果又使得"几家欢喜几家愁"，将是本章重点探讨与分析的内容。

5.1　更新背景与挑战

国王十字区位于伦敦市中心偏北、地铁一环的边界（图5.1）。19世纪中期，英国铁路发展进入黄金时期，迅速建立起了覆盖全国的铁路网络[2]，其中国王十字火车站（Kings Cross Railway Station，1857）与圣潘克拉斯火车站（St. Pancras Railway Station，1868）的落成，推动国王十字区成为重要的工业运输集散区。第二次世界大战后，该区域逐渐废弃，但两座火车站却一直承担着进出伦敦游客的吞吐功能，保留了该区域的交通枢纽地位，也为之后的区域更新留下了主要契机。国王十字区主体区域所在的肯顿区一直是伦敦发展较为落后的地区（图5.2）。20世纪末，在伦敦的100个"贫困住宅区"中，肯顿区占据26个，国王十字区占据其中的24个；2006年的数据显示，相比于伦敦4％的平均失业率，肯顿区的失业率高达7％[3]；国王十字区周边居住区的贫困率更是高于肯顿区的整体水平，其失业率也是伦敦平均水平的两倍左右[4]。在物质环境方面，国王十字区作为工业"棕地"，有大量工业遗迹，包括多类铁路与工业设施、卸货地点、废弃仓库等；区域内的维多利时期建筑遭废弃或使用状况极差；两座火车站前流线混乱、环境破败，影响其作为交通枢纽的使用效率。更新项目的主要开发商也曾评估国王十字区是"伦敦中心区内最大的废弃及未利用土地"[5]。

伦敦自20世纪80年代中期放松对金融市场的监管以后，其经济产业构成更多地转向金融服务产业，先后大力建设了金融城（the City of London）、金丝雀码头（Canary Wharf）、利物浦街（Liverpool

大伦敦行政区划：
伦敦金融城（City of London）
威斯敏斯特（Westminster）
肯辛顿 - 切尔西区（Kensington and Chelsea）
哈默史密斯 - 富勒姆区（Hammersmith and Fulham）
旺兹沃思（Wandsworth）
兰贝斯（Lambeth）
南华克（Southwark）
陶尔哈姆莱茨（Tower Hamlets）
哈克尼（Hackney）
伊斯灵顿（Islington）
康登（Camden）
布伦特（Brent）
伊令（Ealing）
豪恩斯洛（Hounslow）
里士满（Richmond upon Thames）
金士敦（Kingston）
默顿（Merton）
萨顿（Sutton）
克罗伊登（Croydon）
布罗姆利（Bromley）
刘易舍姆（Lewisham）
格林尼治（Greenwich）
贝克斯利（Bexley）
黑弗灵（Havering）
巴金 - 达格南（Barking and Dagenham）
里德布里奇（Redbridge）
纽汉（Newham）
瓦尔珊森林（Waltham Forest）
哈林盖（Haringey）
恩菲尔德（Enfield）
巴尼特（Barnet）
哈罗（Harrow）
希灵登（Hillingdon）

图5.1　国王十字区在大伦敦中的区位关系

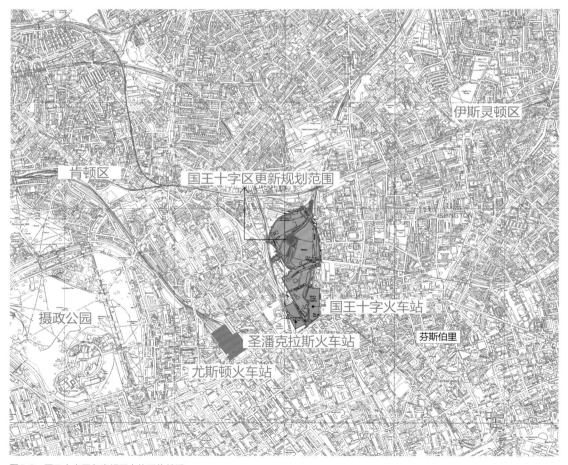

图5.2　国王十字区在肯顿区中的区位关系

Street）等场所，以提供办公空间及金融设施。这一发展使得当时进入伦敦中心区的工作人口增多、通勤时间变长，伦敦市政府开始大力发展地铁及其他轨道交通以应对这一通勤压力[6]，并提出"优先开发交通枢纽周边用地"的政策导向[7]。国王十字区地处伦敦核心区域，坐拥两座交通枢纽，具有成为"世界级旅游与商务目的地"的巨大潜力[8]。这一点在2004年《伦敦规划》（London Plan）中有所反映，该文件将国王十字区确定为大伦敦范围内28个"发展机遇区"（opportunity area）之一，并对所有"机遇区"提出增加商务办公面积、提供就业、保证混合功能开发的要求[9]，明确了国王十字区的更新定位及目标。依据这一政策指导，20世纪末，国王十字区抓住洲际铁路建设的契机，就此启动更新计划，以重整区域功能、重塑区域形象、提升区域价值。

5.2　实施过程

国王十字区更新计划的确定跨越了近20年的时间。1989年，开发团体伦敦复兴联盟（London Regeneration Consortium）向肯顿区政府提交了第一份规划申请，但因其规划的办公空间面积过大而遭到政府与当地社区团体的反对，未能得到实施[10]。与此同时，国王十字区的社区团体也纷纷加入规划制订过程中。"国王十字火车站土地团体"（Kings Cross Railway Lands Group，KXRLG）于1990年发布研究性文件《走向人民的规划》（Towards a People's Plan），并由此形成了两份立足于当地居民需求的规划申请，于1992年向政府提交。但因20世纪90年代英国房地产市场不景气，国王十字区的所有更新计划搁浅。直到1996年，圣潘克拉斯火车站被选定成为英法海峡隧道连接铁路（Channel Tunnel Rail Link，CTRL）的终点站，国王十字区也因此成为伦敦通向欧洲大陆的"门户枢纽"。为补助升级改造圣潘克拉斯火车站的费用，政府决定给予开发商铁路站点及铁路沿线的土地开发权，这笔资产共计约57亿英镑。这一由铁路开发拉动的地区更新模式被英国《卫报》称为"铁路的伟大赠予"（the great railway give-away）[11]，国王十字区的更新计划也被正式提上政府工作议程。

2000年，开发商Argent被指定为国王十字区更新的主导开发商，组建开发团队着手准备更新计划。2004年，肯顿区政府与伊斯灵顿区（Islington）政府联合发布《国王十字机遇区规划与发展纲要》（King's Cross Opportunity Area Planning & Development Brief），对这一区域的整体更新提出政策指导，确定"机遇区"的面积共54公顷（包括两座火车站用地及部分铁路设施用地），提出对交通枢纽升级、商业及住宅建设、历史遗迹改造、社区参与等内容的要求[12]，初步形成了区域的更新框架。同年，开发商团体向地区政府提交土地利用规划，分为中心区规划（位于肯顿区）、三角区规划（位于伊斯灵顿区）（图5.3）及八项"历史遗迹变动申请（Heritage Application）"[13]，规划最终于2006年获得通过。2007年，圣潘克拉斯火车站完成改造并投入运营；2008年，国王十字区的拆除整建工作正式展开。

2006年版更新方案确定将进行高密度、混合功能开发，更新面积27公顷，预计提供2.5万个就业岗位，新建650套学生宿舍、1 900套住宅（包括750套"可支付住宅"），新增10处公共空间、20条街道，以及多处体育、教育、医疗设施等。最终建成时，国王十字区将包含26.8万平方米的公共空间，41.6万平方米的办公空间，以及共计17.8万平方米的居住空间[14]。此版更新方案完全由开发商主导，政府不具有更新区域

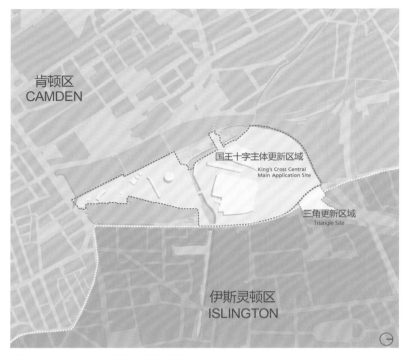

图5.3 国王十字区主体更新区域区位关系

内的土地所有权[15]。因此，虽然方案中强调了"可支付住宅数量""公众参与"等与本地建设相关的内容，但因其由开发商主导的性质，以及"自上而下"式规划行为的结构性缺陷，更新结果仍然偏向高价住宅及商务办公功能开发，很难贯彻对当地居民利益的关注，这一点将在之后的内容中进行详细叙述。

5.3 更新结果

5.3.1 历史建筑升级利用

圣潘克拉斯火车站与国王十字火车站的改造是更新计划的启动项目——历史建筑再利用的核心工程。圣潘克拉斯火车站的改造方案由福斯特事务所（Foster + Partners）完成，为容纳"欧洲之星"这一长达300米的列车，改造中将原来的巴洛克式列车顶棚以玻璃平顶的形式向北延伸，使得这座19世纪的维多利亚建筑变身为可容纳13个站台的现代交通枢纽（图5.4）。该项目至2006年最终完成时共计花费8亿英镑，远远超过最初估计的3.1亿英镑，现可供3条国内火车线路及17对"欧洲之星"列车停靠。2007年，肯顿区政府批准了国王十字火车站5亿英镑的改造计划，改造方案由JMP事务所操刀。国王十字区"规划纲要"中提出，对国王十字火车站的改造要包含保留、修复和新建三类工程：列车棚周边历史建筑予以保留，或在"不损害其外貌、天际线或建筑体量"的基础上进行改造；修复车站之前被遮挡的一级保护建筑的南立面，并在这一侧形成车站的前区广场；新建可识别性强甚至"形态夸张"的西大厅，借此"与大北方酒店（Great Northern

图5.4　圣潘克拉斯火车站

图5.5　国王十字火车站南立面（上）及新建西侧大厅（中、下）

Hotel）及周边列车棚紧密联系"，并积极塑造大厅前的城市公共空间[16]。国王十字火车站的改造于2011年完成，新建的半圆形西大厅横跨原建筑西楼的150米面宽，覆顶面积约7 500平方米，成为欧洲单体跨度最大的车站建筑，如同"跳动的心脏"带动着国王十字区的复兴[17]（图5.5）。

　　谷仓建筑群（Granary Complex）的改造为国王十字区带来了年轻一代的活跃身影。三座围合而踞的谷仓仓库位于国王十字区北部，被改造为圣马丁艺术学校的教学空间、办公配套与图书馆空间。艺术学校的入驻有效延长了该区域的使用时间，并将文化创意活动带入国王十字区[18]。谷仓建筑群西侧的卸煤院商业

图5.6　卸煤院商业中心

图5.7　储气罐住宅

中心（Coal Drops Yard）于2018年10月正式开放，赢得了媒体与大众的广泛关注（图5.6）。它由明星建筑师托马斯·赫斯维克（Thomas Heatherwick）设计，建筑顶层形成曲线形相交体量，在保持规划方案中南北向路径贯通的基础上，联系了原沿庭院两侧水平延伸的历史建筑。新建成的购物中心是国王十字区最主要的消费场所。再往西侧的储气罐住宅楼改造自三座储气罐，是国王十字区迄今为止最昂贵的开发项目。三座圆筒形建筑被设置为不同的高度，最外层是保留下来的储气罐钢铁骨架，新建住宅的结构与原始骨架脱离，完整地保留了这三座二级保护建筑的结构（图5.7）。国王十字区的重要历史建筑基本得到了较高程度的再利用，延续与保存了区域的工业特质，加之豪华办公楼与高档住宅的入驻，"奢华"在一定程度上取代了"破败"，塑造了该区域的新形象[①]。

5.3.2 多元功能植入

伴随着历史建筑改造与新建开发项目而来的，是区域功能的置换与提升。主体更新区域中，摄政河（Regent Canal）以南的南区（South Area）可开发土地面积约6.9公顷，因最靠近两座交通枢纽，更新

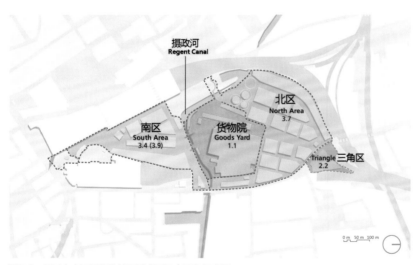

图5.8 国王十字区更新主体区域分区及容积率示意图

土地利用框架允许北区调整用地结构回应市场需求及气候变化。此图表示更多的办公用地

此图表示办公、居住空间用地平衡

此图表示更多的居住用地

图5.9 灵活的用地结构示意图

中以发展高密度办公及零售空间为主，实际规划容积率3.9也为全区域最高；摄政河以北可开发土地面积约17.7公顷，其中以教育、文化、零售功能为主的货物院（Goods Yard）区域实行低密度开发，提供了国王十字区内最主要的公共空间；北区（North Area）以居住功能为主、办公及零售功能为辅，拥有区域内最高的功能混合度及较高的开发强度（图5.8），主要建筑均混合设置多种功能，并在接地层设置沿街商业物业形态，具有良好的可达性。更新方案同时强调各类功能的灵活性与可持续性，尤其针对办公与住宅的开发比例，可依据市场需求不断调整[19]（图5.9），这也体现出国王十字区更新方案对项目灵活性的内在要求[20]。

5.3.3 物质空间联通

物质空间的联通包括交通体系与公共空间体系的架构，是国王十字区物质环境更新的核心内容。场地内计划新增贯穿南北向的步行与车行体系，串联三处主要的公共空间，并将场地内部的车行交通与城市道路进行连接；北区计划新增一条东西向车行道，并提升现有沿摄政河两岸设置的车行道与步行道品质，以加强国王十字区东西两侧的社区，以及肯顿区与伊斯灵顿区（London Borough of Islington）之间的物理联系（图5.10）。

南侧的车站广场（Station Square）是更新区域对外联系的第一个公共空间节点，迎接大量经两座火车站到达的人群，并与南侧的尤斯顿路（Euston Road）直接相连，是公交车、出租车与自行车等交通工具进入场地的主要入口。步行系统与公共交通由此经南北向的林荫大道（Boulevard）通向摄政河，再跨桥与谷仓广场（Granary Square）相连。林荫大道是场地南北向交通体系的南半部分，包括一条公交线路与自行车道，并沿街设置零售、餐饮等消费场所。摄政河横跨场地东西，是重要的水上运输通道、历史标志物及绿色植被生态带，其南侧的货物街（Goodsway）与北侧的拉船路（Towpath）是场地内原有的主要东西向

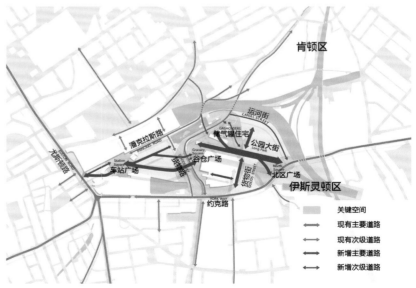

图5.10 国王十字区更新主体区域道路结构

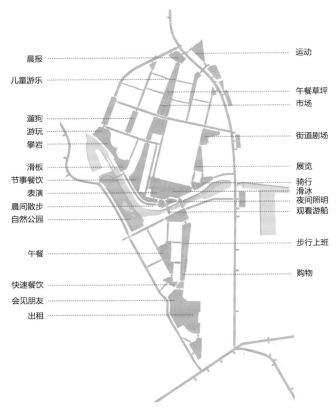

晨报 .... 运动

儿童游乐 .... 午餐草坪
市场

遛狗
游玩
攀岩 .... 街道剧场

滑板
节事餐饮 .... 展览
表演 .... 骑行
晨间散步 .... 滑冰
自然公园 .... 夜间照明
观看游船

午餐 .... 步行上班

快速餐饮 .... 购物
会见朋友
出租

图5.11   国王十字区更新主体区域公共空间结构

通道，其西段下穿圣潘克拉斯火车站铁轨，沿摄政河向东延伸交会于约克路（York Way）。摄政河以北的货物院区域是更新计划中最核心的公共空间，是国王十字区的"地理中心、历史遗迹的灵魂、邻里社区的枢纽"[21]，它主要由谷仓广场、谷仓建筑群、卸煤院及市场广场（Market Sqaure）组成。谷仓广场是区域内人群聚集与举办活动的最主要的场地，2017—2018年这里共举办了139场公共活动，有超过3.8万人进入国王十字区参与这些活动[22]。连接货物院区域北端的公园大道（Long Park）是场地南北向交通体系的北半部分，向北直接与约克路交会，由小型花园、种植草坪、艺术装置等景观元素共同组成了国王十字区的"景观大道"及"社区公园"[23]。更新方案在场地东北侧沿约克路设置了多处小型公共空间，植入零售及餐饮等功能，可对外服务邻近社区，并成为更新区域北侧对外联系的主要入口（图5.11）。

　　对比2006年版更新方案与当下的开发态势，可以看出已完成的开发项目基本上按照最早获批的总平面图执行，在交通体系的建设、公共空间的形态与边界控制、建筑高度与风貌控制等方面均有较高的完成度，但办公空间与住宅面积的比例却经历了多次调整，一定程度上显示出开发商主导的城市更新对市场的高回应性。

5.4 冲突与共识

5.4.1 公众参与

国王十字区周边的传统社区的居民为维护自身利益，自发组成了多个社区团体，早在 1989 年就提出过与开发商更新方案针锋相对的更新方案，并有力影响着之后每一版方案的审批结果。2000 年，开发商团体开始准备更新计划时，政府与开发商也积极与社区团体、学术机构等多个相关利益方进行反复沟通，并在达成一定共识的基础上出台了最终获批的更新计划。虽然其中仍遗留有不少有争议性的结果，但"公众参与"（community engagement）无疑成为国王十字区更新过程的重点内容之一。

自 20 世纪 70 年代以来，新自由主义思想逐渐在英国的城市开发政策中占据主导地位，项目通常由开发商主导，由政府推动各方利益主体形成公私合作体制。在此背景下，规划师的身份也由物质环境面貌的"决定者"，逐渐转变为多方利益主体合作过程的"塑造者"（shaper of attention）[24]，由此促成了规划思想中的"沟通式转变"（communicative turn）[25]，即多方利益主体达成建立在沟通与合作基础上的共识，并通过规划方案作用于物质环境结果。为吸纳更多的利益主体，政府和开发商广泛借助"公众参与"这一手段，如国王十字区开发商 Argent 自 2000 年起，通过访谈、问卷调查、听证会等形式与当地居民进行沟通，获得了大量的文字及语音资料，以支持其后的规划决策。

"公众参与"作为完成"沟通与合作"的工具及途径，具有多方面的理论意义。从规划者角度出发，它符合"沟通型规划"（communicative planning）对程序正义的要求。这一兴起于 20 世纪 60 年代的规划思想提倡建立多方之间的理性对话（ideal speech），在不同社会群体的互动过程中广泛交换知识、信息与观点，并形成对确立公共政策的一定共识[26]。这一过程要求规划师成为客观的第三方，不断平衡各利益主体的诉求，包括明确规划目标、引导决策判断及阐述政策含义等工作[27]。"沟通型规划"在新自由主义的时代背景下常依托"城市综合体"项目进行实践[28]，此类项目一般投资大、耗时长，需要依靠公、私多个投资主体合作完成，国王十字区更新就是这一类项目的典型代表。从开发商角度出发，"公众参与"可作为"规划得益"（planning gain）的手段之一，即开发商通过与公众进行沟通并允诺其利益，来获得社会群体对规划方案的理解与支持，增加获得开发许可的可能性。其间不同的利益主体之间会进行会议、辩论及咨询会，沟通过程大致可分为准备规划方案、提交规划方案、收集反馈信息三个阶段[29]，但基本上是由开发商牵头组织并形成研究性文件。不难看出，多方利益主体与理性沟通是"公众参与"的基本特征。但过分依靠"沟通"来解决利益冲突也存在着一定矛盾。当塑造"理性对话"成为主要目标时，规划在一定程度上就偏离了其在利益分配与物质空间操作上的实际意义，且因各方利益并不固定，或缺乏沟通的意愿与能力[30]，容易使沟通过程效率低下。由政府或开发商主导的"沟通"往往局限在特定的利益主体之间，即便成功创造出可供各方理性对话的平台，也难以改变自上而下的规划行为的结构性缺陷[31]；而且，"沟通"导致的利益再分配在很大程度上有赖于既定话语权的大小，因此这一过程反而容易加剧其间的权利两极化、弱势群体的边缘化等问题[32]。国王十字区更新的"公众参与"在一定程度上体现出了以上问题，其中尤以"可支付住宅"（affordable housing）的开发比例成为争论的焦点（其后将做详细介绍）。

　　20世纪末期，新工党政府上台后，在政策层面延续了对"公众参与"的关注，相继颁布《国家社区更新战略》（National Strategy For Neighbourhood Renewal，2001）、《地方合作战略》（Local Strategic Partnerships，2003）等政策，以保证城市开发中的"公众参与"[33]。2000年出台的《城市白皮书》（The Urban White Paper）对"人人参与的包容性城市更新"作出强制要求[34]，表明"政府需依靠与被赋权的公众团体紧密合作来振兴社区"。2004年，《伦敦规划》（London Plan）中也对开发商提出"支持政府的社区更新战略并提供社区福利"的要求[35]。作为对政策的回应，国王十字区的开发商Argent通过对当地居民意愿的详细调查，形成了4份用以支撑更新方案的研究性文件：《人居城市原则》（Principles for a Human City，2001），提出区域成功更新的10条关键原则；《更新参数》（Parameters for Regeneration，2001），提供大量实证信息，客观描述了场地的物质环境局限及机遇；《更新框架》（A Framework for Regeneration，2002）与《框架研究发现》（Framework Findings，2003），在总结沟通成果的基础上确立了区域的更新思路[36]。

5.4.2　利益冲突

　　国王十字区更新涉及的利益主体包括政府、开发商、土地所有者、社区团体、学术机构等（表5.1）。其中，肯顿区政府为主要的决策者，开发商团体由Argent主导（至少拥有50%的土地所有权），人数最多的则是社区团体，它们代表当地居民的利益。早期各民间团体基本各自为政，2000年后则由政府及开发商定期组织团体间会议，利用网站与展览吸引居民个人参与，或由开发商指定专员进行社区访谈[37]。肯顿区政府与开发商Argent对国王十字区更新的定位基本相同，包含了两个具备潜在冲突的层面：一是作为支持伦敦"全球城市"地位的核心区域，主要使用对象是投资者、办公族、游客等流动性人群而非本地居民；二是作为服务于本地居民的"理想"社区，提高他们的富裕程度及生活水平[38]。这一定位实则体现了两种对立最为激

表5.1　国王十字区更新涉及的主要利益团体及利益诉求

团体名称	利益主体	利益诉求
Argent	开发商、投资商、未来的土地所有者	长期资本投资；利润回报
Exel	土地拥有者	短期资本投资；抽取土地资金
LCR	土地拥有者	短期资本投资；抽取土地资金
KXRLG	社区居民团体	土地的"使用价值"；居民权利
KXCAAC	历史遗迹保护组织	土地的"使用价值"；保存现有历史遗迹
KXBF	本地资本、肯顿区的"商业合作者"	提高生产与销售
Cally Rail Group	社区居民团体	土地的"使用价值"；期望从现有住宅房产中获取经济利润

注：

1. KXRLG：King's Cross Railway Lands Group（国王十字区铁路土地团体）

2. KXCAAC：King's Cross Conservation Area Advisory Committee（国王十字区保护咨询委员会）

3. KXBF：King's Cross Business Forum（国王十字区商业论坛）

烈的利益主体的诉求：以 Argent 为首的土地所有者/开发商意在追逐投资与利润回报；而以 KXRLG 为代表的社区团体则更加重视本地居民对土地的使用权利，提倡建造更为宜居的环境。二者的博弈主导了国王十字区更新"公众参与"的进程，其间的冲突主要体现在以下 5 个方面：

①办公空间总量。作为所有空间中可获取利润最大的空间类型[39]，办公空间始终是私人资本的开发重点，尤其在国王十字区此类公私合作的更新项目中，需要利用经济的可预期增长带动物质与社会环境的改善。除此之外，办公空间的建设也符合伦敦发展金融服务业的政策要求，2016 年版《伦敦规划》提出应为"增长型"伦敦而规划，广泛借助"机遇区"的发展潜力，"提供足够的基础设施以保证经济增长"[40]。在开发商 Argent 最初的开发计划中，85.3 万平方米的开发总量中约有 45.5 万平方米是商务办公空间，占总开发量的一半以上。而 KXRLG 指出，这些新开发的办公空间主要服务于外来的高薪精英阶层，而本地区的低收入、低技术工作者将会受到排挤，面临失去工作机会的风险[41]。

②廉价住宅比例。2004 年版《伦敦规划》对所有"机遇区"的土地利用作出规定，要求区域内住宅面积的 40% 应为"可支付住宅"，其中 70% 应为廉租房，以满足低收入居民的需求[42]。但随着国王十字区更新进程的推进，开发商一面不断压低可支付住宅的比例，使其突破政策要求的下限，一面积极进行超级豪宅的开发。上述两方面的结合引发了社区团体对国王十字区绅士化倾向的担忧。他们担心企业入驻、中产阶级迁入和高端消费场所的建成，会使该区变得不再适合收入较低的原住民居住，他们将被迫搬去城市边缘或更为贫穷的地区。这一担忧在更新实施过程中不断得到验证：随着交通、办公、教育等资源的入驻，国王十字区及周边地区的住宅需求持续上涨，2009—2015 年国王十字区房价上涨幅度达 80%，超过伦敦中心区涨幅为 70% 的整体水平（图 5.12）[43]，其中不乏储气罐住宅这类高端住宅开发带来的影响。但即便面对这样的情况，开发商仍将原规划中约 19.4 万平方米的住宅面积下调至 17.8 万平方米，牺牲了更多的"可支付住宅"，转而建设利润回报最大的办公空间。

③公共空间的建设。更新中市民担忧自己对公共空间的使用权利受到侵犯，虽然更新中公共空间的土地面积比例达到了 40%，但仍存在着私有化情况较为严重的问题。Argent 在其研究中反复强调，政府常常会因预算不足而忽视对公共空间的维护，因此高质量的公共空间设计与管理常由私人开发商提供[44]。现国王十字区内的公共街道维护由地方政府提供，其他主要的公共空间在一定程度上都被纳入了私有开发权属用地。例如，卸煤院购物中心的底层广场，建筑师将其描述为"由零售定义的公共空间"②，结合公众的通行需求，希望以"购物街道"的形式吸引更多的人进入并消费。公共空间的设立与管理权向私人转移无疑有利于安全、清洁等需求，但同时也赋予了开发商甄别这一开放空间的"理想用

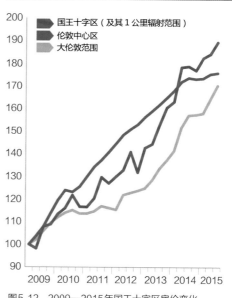

住宅价格增长对比

价格指数 House Price Index：100=2009 年 1 月

图 5.12　2009—2015 年国王十字区房价变化

表5.2 国王十字区更新计划中对各功能面积的规定

	总建筑面积（平方米）	规划提交、可开发建筑面积上限（平方米）								
		商务办公	居住	酒店/公寓	购物/餐饮	D1	影院	D2	多层停车场	其他
摄政河北侧	238 545	219 010	3 900	32 625	15 460	3 180	0	975	0	525
摄政河南侧	479 730	267 270	172 975	14 600	30 465	72 585	8 475	30 575	23 850	0
总 计	718 275	486 280	176 875	47 225	45 925	75 765	8 475	31 550	23 850	525

注：

1. D1功能包括社区服务、健康、教育、文化等场所，如博物馆。

2. D2功能包括音乐厅、舞蹈厅、夜店、赌场、运动场及其他运动/休闲场所（不包括影院）。

3. "其他"指后勤出入、地铁设施路径。

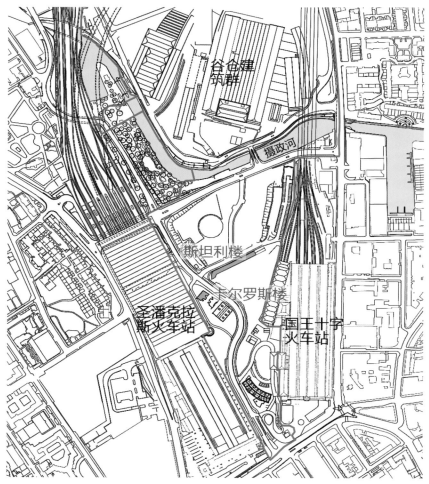

图5.13 斯坦利楼与卡尔罗斯楼在国王十字区中的位置

户"[亦即（潜在的）消费者]的权力，这就剥夺了无意愿或无能力消费的人群使用此类空间的权力[45]，尤其对于国王十字区周边传统社区中的居民来说更是如此。

④规划过程的灵活性。国王十字区更新计划中，官方规划文件只对每种土地功能的面积规定了上限，并未给出具体的限定数值（表 5.2）[46]，这使得开发者可以根据市场的波动来随时调整开发计划。这种规划的灵活性完全符合"城市综合体"项目的开发要求，能最大限度地保证开发商 Argent 的长期利润。但 KCRLG 提出，灵活性的界定与控制完全由开发商主导，而环境与功能的随机变化对于当地居民来说，更多的是一种不确定因素，严重影响他们的日常生活[47]。

⑤历史遗迹的去留。基于国王十字区的工业化背景，区域内遗留多处工业、历史建筑，它们的去留成为相关利益团体争夺物质空间的又一焦点。国王十字区保护咨询委员会及肯顿区政府倾向于尽可能保留这些历史建筑，常与开发商的利益发生冲突。例如，为容纳区域发展带来的日益增多的车流，开发商意欲拆除车站广场北侧的卡尔罗斯楼（Culross Building）和斯坦利楼（Stanley Building），以建设供两趟公交线路及大量出租车通行的公路，并为圣潘克拉斯广场提供更多办公空间（图 5.13）。

5.4.3　谁主导的更新？

2004 年开发商提交第一版土地利用规划后，地方政府曾举行多次听证会，邀请开发商团体、伦敦市长办公室、英国历史建筑和古迹委员会、社区团体等利益相关方参与规划审批[48]。整合多方意见后，地方政府于 2005 年出台修改版方案，变化内容包括增加 3~4 房的家庭住宅比例、提高教育与医疗等社区设施建设比例、提高公园绿地比例、提出"绿色能源"愿景等[49]，在一定程度上削弱了"开发导向"的更新特征。此外，为响应居民团体对降低办公空间比例，以维持区域内多样、平衡与可持续的土地利用的强烈要求，肯顿区政府还邀请 Argent 与 KXRLG "对簿公堂"，经过反复论证，听证会最终达成了"办公空间应被缩减至合理比例"的共识[50]。但这一协商结果并未给出缩减办公空间的数据指标，且随着开发的推进，越来越多的诸如谷歌、路易·威登等高附加值企业入驻，开发商设定的商务办公空间开发比例也由原规划的 53% 增加至 56%（图 5.14），国王十字区的办公空间开发态势并未呈现减缓的趋势。

可支付住宅的建设一直是利益冲突的焦点问题。更新规划被正式批准的第二年，KXRLG 发起"再思行动"（Think Again Campaign），向最高法院提出申请，要求政府撤销规划许可，重新制订廉价住宅占比更高的规划。但 KXRLG 的上诉最终被驳回，国王十字区住宅构成维持原规划，居民团体的维权行动以失败告终[51]。其后经开发商反复游说，肯顿区政府又同意，如果区域内住宅的最低市场价格未达到协定价格，那么可支付住宅数量可按相

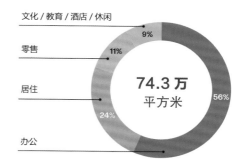

图 5.14　2018 年国王十字区已批准土地上利用面积比例

应比例减少，以保证开发商的利润。2015年，Argent又以"哭穷"的姿态与肯顿区政府进行协商，成功将可支付住宅的最终完成数量由原规划的750套降低到了637套③，加深了本地居民的居住困境。

可以看出，虽然"公众参与"是国王十字区更新计划的重点内容，但其在具体操作中仍存在诸多局限。本地居民反映，"沟通"的议题基本局限在开发商或政府预先设定好的范围内，且在由规划者、开发商主导的会议中，与居民的交流常常变成单向的问答，"说教"作用大于沟通作用，居民无法完全传达自身的利益诉求。此外，"沟通"的形式与实际作用之间存在较大的鸿沟，多方之间达成的共识往往不能有效地转变为规划方案，而且规划方案也可能在之后的实施过程中经"后台协商"（backroom negotiation）被单方修改。[52]这实质上源于决策过程中权力的不对等，居民只有通过被赋予的"公众参与"这一条法定途径传达自身诉求，开发商很多时候甚至认为这一过程是对自身决策的一种干涉[53]。

5.5　本章小结

国王十字区更新方案的确立过程花费近二十年的时间，组织过数百场会议，更新结果仍旧引来多方争议，开发商与社区团体的矛盾仍在上演。很多情况下，城市开发中对"沟通"与"共识"的追求，已经成为冗余、低效的外在表现。"沟通与合作"对推动城市开发进程的效率边界在哪里，组织者又该如何权衡自身成本与社会收益，都是需要长期思考的问题。

但是，抛开种种不尽如人意的结果，国王十字区更新在"公众参与"方面也树立了一个先例，提供了正反两方面的借鉴：组织"公众参与"要求规划者面对数量众多的相关利益方处理庞杂的反馈信息，并投入巨大的人力、物力维持这一冗长的过程。Argent自始至终都是国王十字区的最大单一开发商，为顺利推行开发方案，它积极并较为成功地组织了国王十字区更新的"公众参与"过程，为社区发声提供了一条有效途径。但是，开发商主导的城市更新过程毕竟以追逐利益为目标，通过"公众参与"达成的"共识"反而时常体现了各方利益的不一致及权力的不对等。从目前来看，各方的努力使得国王十字区的物质环境成功复兴，但其空间结果仍然偏向有利于资本积累的空间类型，周边居民生活受到较大影响，"公众参与"最终也未能很好地捍卫当地社区的根本利益。国王十字区的更新进程仍在继续，我们仍然希望最终建成的国王十字区是一个既充满空间活力也能促进社会和谐的典范。

注　释

① 资料来源：The Guardian 网站新闻。

② 资料来源：Dezeen 网站新闻。

③ 同注释①。

参考文献

[1] King's Cross Central Limited Partnership. Overview: King's Cross[R/OL]. kingscross 网站 .

[2] Gossop, C. London's Railway Land-Strategic Visions for the King's Cross Opportunity Area: 43rd ISOCARP International Planning Congress: King's Cross Opportunity Area, Antwerp, 16-23 September 2007[C]. Netherlands: ISOCARP, 2007.

[3] Holgersen, S. and Haarstad, H. Class, Community and Communicative Planning: Urban Redevelopment at King's Cross[J]. Antipode, 2009(2): 348-370.

[4] Brenner, D. DPU Working Paper No. 171: King's Cross Railway Lands: A "Good Argument" for Change?[R]. London: Development Planning Unit, The Bartlett, University College London, 2014.

[5] Argent St. George, London Continental Railways (LCR) and Exel. Our Principles for a Human City[R]. London: Argent St. George, 2001.

[6] 同参考文献 [2].

[7] Argent St. George, London Continental Railways (LCR) and Exel. Parameters for Regeneration: Work in Progress for King's Cross Central[R]. London: Argent St. George, 2001.

[8] Imrie, R., Lees, L. and Raco, M. Regenerating London: Governance, Sustainability and Community in a Global City[J]. Planning Theory & Practice, 2010(11): 466-468.

[9] Greater London Authority. The London Plan: Spatial Development Strategy for Greater London[R]. London: Greater London Authority, 2004.

[10] 同参考文献 [8].

[11] 同参考文献 [3].

[12] London Borough of Camden. King's Cross Opportunity Area-Planning & Development Brief[R]. London: London Borough of Camden, 2004.

[13] 同参考文献 [2].

[14] 同参考文献 [1].

[15] Menno Van Der Veen and Willem K. Korthals Altes. Contracts and Learning in Complex Urban Projects[J]. International Journal of Urban and Regional Research, 2011(9): 1053-1075.

[16] 同参考文献 [12].

[17] John Mc Aslan + Partners，赵丹（译）. 伦敦国王十字火车站改造 [J]. 城市建筑，2013(5): 94-101.

[18] 吴晨，丁霓. 城市复兴的设计模式：伦敦国王十字中心区研究[J]. 国际城市规划，2017(4): 118-126.

[19] Argent St. George, London Continental Railways (LCR) and Exel. King's Cross Central: Urban Design Statement[R]. London: Argent St. George, 2004.

[20] 同参考文献 [15].

[21] Argent St. George, London Continental Railways (LCR) and Exel. King's Cross Central: Public Realm Strategy[R]. London: Argent St. George, 2002.

[22] 同参考文献 [1].

[23] 同参考文献 [21].

[24] Forester, J. Reflections on The Future Understanding of Planning Practice[J]. International Planning Studies, 1999(4): 175-193.

[25] Susan S. Fainstein. New Directions in Planning Theory[J]. Urban Affairs Review, 2000(35): 451-478.

[26] Healey, P. Institutionalist Analysis, Communicative Planning and Shaping Places[J]. Journal of Planning Education and Research, 1999(19): 111-121.

[27] McGuirk, P. Situating Communicative Planning Theory: Context, Power, and Knowledge[J]. Environment and Planning, 2001(33): 195-217.

[28] Gunder, M. Passionate Planning for The Others' Desire: An Agonistic Response to The Dark Side of Planning[J]. Progress in Planning, 2003(60): 235-319.

[29] 同参考文献 [4].

[30] 同参考文献 [28].

[31] 同参考文献 [8].

[32] 同参考文献 [25].

[33] 同参考文献 [8].

[34] Department of the Environment, Transport and the Regions (DETR). Our Towns and Cities: The Future-Delivering an Urban Renaissance[M]. London: The Stationary Office, 2000.

[35] 同参考文献 [8].

[36] Fluid on Behalf of Argent St. George. Statement of Community Engagement: Document1-The Story of Argent St. George's Community Consultation in King's Cross[R]. London: Fluid, 2004.

[37] 同参考文献 [36].

[38] 同参考文献 [4].

[39] Hamnett, C. Unequal City-London in the Global Arena[M]. London: Routledge, 2005.

[40] Greater London Authority. The London Plan: The Spatial Development Strategy for London Consolidated with Alterations Since 2011[R]. London: Greater London Authority, 2016.

[41] 同参考文献 [3].

[42] Greater London Authority. The London Plan Spatial Development Strategy for Greater London[R]. London: Greater London Authority, 2004.

[43] Knight Frank. Focus on: King's Cross 2016[R]. London: Knight Frank LLP, 2016.

[44] 同参考文献 [21].

[45] Schewe, E. Do Security Robots Signal The Deanth Of Public Space?[N].JSTPR Daily, 2018-11-29.

[46] Argent St. George, London Continental Railways (LCR) and Exel. King's Cross Central: Planning Statement[R/OL]. kingscross 网站 .

[47] 同参考文献 [3].

[48] 同参考文献 [12].

[49] 同参考文献 [4].

[50] 同参考文献 [3].

[51] 同参考文献 [3].

[52] 同参考文献 [28].

[53] 同参考文献 [8].

图片来源

图 5.1：作者绘制。

图 5.2：Argent St. George, London Continental Railways (LCR) and Exel. King's Cross Central Environmental Statement: Revised Non-technical Summary[R]. London: Argent St. George, 2005。

图 5.3：参考文献 [19]。

图 5.4：上：拍摄者Fraselpantz，下：拍摄者Mike Peel，维基百科"St Pancras railway station"词条图片。

图 5.5：上：拍摄者 George Rex，中：拍摄者 Héctor Ochoa，下：拍摄者 Colin，维基百科"London King's Cross railway station"词条图片。

图 5.6：拍摄者 Clem Rutter,维基百科"Coal Drops Yard"词条图片。

图 5.7：图片所有者 King's Cross Central Limited Partnership，Gasholders London 网站图片。

图 5.8：参考文献 [19]。

图 5.9：参考文献 [19]。

图 5.10：参考文献 [19]。

图 5.11：参考文献 [19]。

图 5.12：参考文献 [43]。

图 5.13：作 者 改 绘 自 Argent St. George, London Continental Railways (LCR) and Exel. King's Cross Central Environmental Statement: Revised Non-technical Summary[R]. London: Argent St. George, 2005。

图 5.14：参考文献 [1]。

表 5.1：参考文献 [3]。

表 5.2：参考文献 [12]。

第6章
"公民空间"与"国家广场"——特拉法加广场的活力重塑

　　"特拉法加广场或许适合承接大型游行活动或是新年前夕庆祝，但在阳光明媚的六月下午，这是伦敦当地人最不可能前来休闲寻趣的地方。"

　　据英国历史建筑和古迹委员会统计，伦敦现存的历史广场有600余个，因此伦敦又被称为"广场之城"（a city of squares）[1]（图6.1）。伦敦广场空间的开发管理权大多为公共部门所有，具备建造历史悠久、内部功能丰富、周边区域活跃、建筑富有历史意义等主要特征。20世纪80年代以来，在以文化为导向的城市复兴和城市设计的战略指引下，更新改造历史广场成为伦敦一项重要的城市发展工作，伦敦的"心脏"——特拉法加广场（Trafalgar Square）是其中的典型代表。《卫报》（The Guardian）曾以上述文字指出这处地理位置绝佳的国家级广场与伦敦人日常生活的隔绝的情形。就此，福斯特事务所（Foster+Partners）于21世纪初对特拉法加广场及其周边环境进行了整体规划改造，成功将其转变为伦敦市中心一处富有活力、氛围宜人的公共空间。

6.1　特拉法加广场简介

　　特拉法加广场为纪念大不列颠海军在特拉法加港战胜拿破仑统帅的法国与西班牙联合舰队（1805年）而建，因其特殊的纪念意义和空间地理位置而被视为英国的国家广场[2]。特拉法加广场最初曾是摄政时期建筑

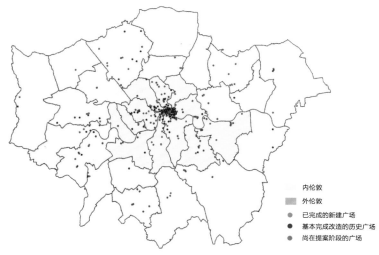

内伦敦
外伦敦
● 已完成的新建广场
● 基本完成改造的历史广场
● 尚在提案阶段的广场

图6.1　20世纪80年代以来伦敦更新改造的广场分布图

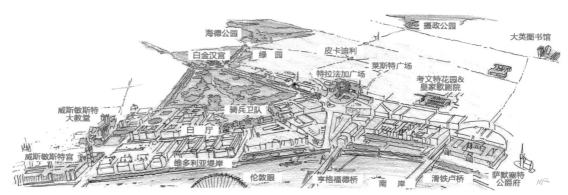

图6.2 特拉法加广场周边重要历史建筑及公共空间分布图

师约翰·纳什(John Nash)提出的复兴查令十字街区(Charing Cross)计划的一部分,后由查尔斯·巴里爵士(Sir Charles Barry)出资于1845年完成设计建造。特拉法加广场从选址到设计,无一不以体现尊贵、庄严、不可侵犯的国家精神和集体性为最终目标。

①中心区位。特拉法加广场位于威斯敏斯特城(City of Westminster)和伦敦金融城(City of London)——即伦敦政治与经济中心之间,占地面积4.8公顷,具有独特的区位优势,也因此成为伦敦的交通和视觉焦点:向南联系象征行政区的国家级标志物大本钟(Big Ben)、威斯敏斯特宫(Palace of Westminster)及威斯敏斯特大教堂(Westminster Abbey);向西南通往英国王室的居住、办公地白金汉宫(Buckingham Palace);向东南连接了南岸地区的文化建筑聚集地;向东北触及考文特花园(Covent Garden)、英国高等法院(Central London County Court)等历史遗产地,以及伦敦的"精神中心"圣保罗大教堂(图6.2)。

②对称的空间布局。广场采用中轴对称的布局,长、宽都为110米,高56米的霍雷肖·纳尔逊(Horatio Nelson,英国民族英雄、英国海军上将、特拉法加海战指挥官,并在该海战中牺牲)纪念柱耸立在中央,四周围绕着精美绝伦的历史建筑、喷泉、雕塑及公共艺术品。广场北部为内向型空间,被北面的新古典主义风格的国家美术馆、东面的圣马丁教堂(St. Martin's Place)与南非驻英国大使馆(South Africa House)、西面的加拿大驻英国大使馆(Canada House)等历史建筑包围,具有强烈的围合感(图6.3);南端视线自然展开,构成对称的"放射状"图形,与城市空间产生联系(图6.4)。两个喷泉水池进一步加强了广场的对称性,并给游客提供了休憩、围坐的场所。

③纪念性雕塑。除了中心高耸的纪念柱,广场四角及国家美术馆前还放置有6个石造基座,立有乔治四世(King George Ⅳ)、英国少将亨利·哈维劳克(Henry Havelock)、查尔斯·詹姆斯·纳皮尔爵士(Sir Charles James Napier)等历史名人的雕塑。西北角的"第四基座"原本为威廉四世(William Ⅳ)预留,但由于缺少资金而空置了150多年,后被创造性地用于展示当代艺术品。广场南端立有查理一世(King Charles Ⅰ)的雕塑,是一处交通交会点。

总之,特拉法加广场是一处具有政治、历史与文化意义的公共空间,在伦敦乃至英国都具有举足轻重、不可取代的地位。

图6.3　广场呈明显的中轴对称布局

● 观测位置

图6.4　广场内部（左）和南端（右）视线范围示意图

6.2　特拉法加广场曾经面临的问题

　　尽管特拉法加广场具备作为"国家广场"的一切要素——城市中心的地理位置、严整大气的空间布局，以及宏伟壮观的建筑和雕塑。但该广场在21世纪之前的若干年中却逐渐退化为一处"大型交通岛"，未能展现其参与市民公共生活的潜力，主要原因在于：

　　①交通阻隔成为特拉法加广场使用效果不佳的主要原因。在重新设计之前，特拉法加广场被机动车道包围，这里汇聚有5条地铁线和12条公共汽车线[3]，再加上出租车及数量越来越多的私家车，严重阻断了步行路线——行人从南部进入广场需要穿越三车道的交通环岛，而北部的国家美术馆与广场之间的机动车道每小

时通行 1 500 辆汽车①，时常拥堵、不便穿越。再加上日渐增多的车行交通逐渐侵占行人和自行车的空间，人行道十分狭窄，不利于行走。交通阻隔使得越来越多的行人避开穿越广场而选择围绕广场边缘走动，这缓慢地扼杀了广场内的人群活动。

②广场内部物质环境混乱萧索，不具备足够的吸引力。虽然特拉法加广场是伦敦著名的旅游景点之一，每年有 2 000 万人到访参观[4]，但人们多不会停留于此，它的内部空空如也，成了名副其实的"鸽子广场"[5]。首先，这是由于广场缺乏功能性的设施，不能给游客提供任何服务，更无法成为伦敦市民的日常休闲场所。根据 1997 年的统计，广场的使用人群中只有不到 10％ 为伦敦市民[6]。其次，它的内部虽然包含了广场空间应当具备的"词汇"（如有围合感的空地、喷泉和雕塑等景观要素），但布局不够连贯，置身其中的人往往找不到明确的方向和目的[7]。

6.3 更新动力："世界广场计划"

活力缺失使得国家广场逐渐失去应有的"尊严"。这些问题最初于 1996 年的几场"21 世纪伦敦"（London in the 21st Century）辩论中被反复提出②。在进行了"50 年来关于首都的最大一次公众咨询"后，伦敦市政府办公室和威斯敏斯特市议会（Westminster City Council，WCC）委托福斯特事务所对特拉法加广场及周边公共空间系统进行总体设计。

同时，特拉法加广场改造也成为一项雄心勃勃的"人人共享的世界广场计划"（World Squares for All Masterplan）的一部分[8]。该计划旨在振兴位于伦敦市中心的特拉法加广场、白厅（Whitehall）和议会广场（Parliament Square）这一历史区域，通过保护和修缮特殊建筑和历史遗迹，来保护该地区的独特性、改善公共领域、增加行人通行能力、减少交通流量，使之成为"世界级"的广场空间[9]。在项目初期，由伦敦市政府官员代表、英国历史建筑和古迹委员会、伦敦交通运输局（Transport for London Street Management，TfLSM）、威敏斯特市和国家美术馆组成的多方小组，在协调股东、民众、交通管理部门等事务上作出了一定贡献。2000 年选举产生的第一个全伦敦范围的市长（Mayor of London）肯·利文斯通（Ken Livingstone）十分注重伦敦的公共空间建设，他将"世界广场计划"视为一次"现成的""高度可见"的胜利，并借此宣称，要将特拉法加广场打造为"伦敦的象征"[10]，"一个充满活力且易达的地方"[11]，"同时保持传统角色，成为言论自由的论坛"[12]。特拉法加广场更新改造是"世界广场计划"的第一阶段任务，鉴于该项目的重要程度及其对新上任的伦敦市长政治形象构建的正面作用，2000 年，特拉法加广场的管理权由威斯敏斯特市议会转交给随后诞生的大伦敦政府（Greater London Authority，GLA），由伦敦交通局主持管理工作。行政首长及政府部门的积极推行加快了工程进度，特拉法加广场的改造仅用 18 个月就完成了[13]。

6.4 特拉法加广场改造的城市设计策略

福斯特事务所的规划主旨是凸显周边重要建筑物（国家美术馆）、纪念碑和广场，保留"国家广场"的威严，同时将城市空间更多地向行人开放，实现空间步行化，将城市空间进一步转变为融入市民公共生活的"公民空间"。空间句法（Space Syntax Limited）、Atkins咨询公司前期的技术分析和市民问卷为广场的改造提供了充分的设计依据[14]。

6.4.1　交通策略

特拉法加广场改造的大量工作都集中在研究广场的交通管理方案及其实施方法上，以最大限度地提高公共交通的可达性，同时减少对伦敦市中心其他地区交通网络的干扰。为此，交通局指挥小组和设计团队使用各种技术工具进行广泛分析，从城市设计方案的3D模拟到行人运动分析，并开发了各种交通模型（如SATURN、TRANSYT和VISSIM微型仿真）[15]。具体交通优化策略如下：

①公交优先措施。特拉法加广场长期以来都是一处繁忙的公共汽车交通枢纽，早高峰期间，每个方向至少有160班公共汽车通过广场，同时还运营有夜间巴士，为深夜出行的工人和游客服务[16]。因此，改善公共交通是一大工作内容。首先，借改造机会对经过广场的公交线路、车辆及站台进行了统一规划和现代化改造。其次，由于伦敦公共汽车优先网络（London Bus Priority Network，LBPN）和伦敦公共汽车计划（London Bus Initiative，LBI）的先一步推进③，伦敦市中心有许多公交优先措施已经到位。通往特拉法加广场的稗街（Cockspur Street）和河岸街（Strand Street）设置有两条对流式公交专用道（Contraflow Bus Lanes），实现了优化连接并缩短了公交线路的行驶时间。另外，在白厅和诺森伯兰大道（Northumberland Avenue）开辟的新公交车道也被纳入了"世界广场计划"（图6.5）。

图6.5　广场周边交通组织方案示意图

②改变信号时序。通过改变广场周围交通信号灯的时序,可以实现在没有任何硬件或软件变更的情况下重新平衡人、车的通行容量。该策略的设计目标是实现行人利益的最大化,即保证行人可以在一段信号上连续行走,无须在充满汽车尾气的路边等待下一段通行信号。此外,实施阶段为了避免"大爆炸"式的重大变化,选择在7—9月较低的交通水平时期,采用小步骤(每次调整1~2秒)、渐进式改变,以控制信号灯逐步增加或减少容量。这样可以密切监控每个步骤变化的影响,并最大限度地降低公众产生不良反应的风险[17]。

③连接和节点战略。从城市到达特拉法加广场有六条主要途径,即草市街(Haymarket)、查理十字路(Charing Cross Road)、河岸街、诺森伯兰大道、白厅和林荫路(The Mall)。专业顾问被委以确定每种途径的关键节点的任务,并以保证公交车和行人利益最大化的原则来制定每个节点的管理策略。其最初划定了28个交叉路口作为管理节点,还有5条未在LBPN或LBI计划中确定的新公交车道[18]。节点处的改进措施包括增加新的行人斑马线;将现有斑马线改造为双向使用;在通往广场的关键路段增加行人通行的绿灯时间,同时减少循环间隔等。此外,多个交叉路口处实行了分段运行(split phasing),允许车辆向外行驶,同时也可以进入广场④。

④拥堵收费计划(Congestion Charging Scheme)。作为交通战略的一部分,伦敦市市长提议自2003年2月起在伦敦市中心引入拥堵收费计划,规定工作日上午7时至下午6时对驶入伦敦内环区域的机动车辆收取5英镑费用,公共汽车、出租车及特殊车辆(如残疾人车辆、紧急车辆、清洁车辆等)则不予收费。该计划与公共汽车优先网络的并行实施使收费区在短期内交通量减少了15%,交通拥堵减轻了30%,二氧化氮和颗粒物的排放量减少了12%[19]。尽管存在关于社会混乱、商业负面影响的议论,但严重的中心区拥堵仍使得该计划发展为一项长期战略,并且收费范围进一步向西扩展,费用也大幅增加至目前的11.5英镑⑤。然而,与初期相比,拥堵收费计划的有效性有所减弱[20]。

6.4.2 基于步行化的改造设计:空间句法

交通策略在技术管理层面上为特拉法加广场及周边区域的步行化创造了条件。在此基础上,设计团队通过一系列先进技术手段进一步对广场内部进行步行化研究和改造设计,其中主要借助了空间句法软件。空间句法的基本流程是:建立场地和城市背景模型—根据现有行为分析模型—对模型进行若干次修改和分析—比较后提取正确的设计思路[21]。在特拉法加广场的改造实践中,空间句法实验室首先调查、分析了该区域的空间使用模式和行人运动轨迹。观察员在一天中的不同时间、一周中的不同日期及一年中的不同季节全面记录了300多个观测点的行人活动,结果显示广场空间的使用存在如下特征和问题[22](图6.6):

①广场的使用人群几乎全部为游客。游客活动的区域主要集中在广场东南角,留下北面和西面较大、较空的区域。

②几乎没有穿过广场中心的运动轨迹,相反,有大量在广场边缘的运动轨迹。

③存在许多"非法"穿越马路的活动,尤其从广场横穿到南端的交通环岛以欣赏城市全景。

④几乎没有固定在广场活动的伦敦市民,市民大都选择在广场边缘行走。

⑤广场北侧的上层空间几乎没有人群活动,无论是行走还是静态的人群。

　　表面上看，特拉法加广场使用不佳的主要原因似乎是它被密集的机动车辆交通隔离成"孤岛"，但空间句法的调查研究表明，广场本身空间设计的影响更为关键。研究团队认为，仅仅移除机动车辆交通、增加景观和设施无法产生显著的空间效果，需在三个方面进行强化——行人的移动路线应当简单直接，尽可能穿越广场的中心区域，而不仅仅在边缘；人们可以从多个方向看到广场内部的活动，以此激发城市与广场的联系；增加饮食和休息设施，并靠近主要的行人路线（图6.7）。在此基础上，研究团队利用计算机模型进行改造前后的广场使用状态模拟，给出了详细的"基于证据的设计建议"。其中，最显著的措施是通过限制机动车交通建成三处步行友好区——查理一世雕塑环岛、广场北侧与国家美术馆之间的步行平台及圣马丁教堂广场与欧文广场（Irving Place）[23]（图6.8）。

　　①查理一世雕塑环岛。原本的三角形交叉路口被设计为双向圆形交通环岛来控制流量。这处改造看似相当有限，但在限制运输车辆通行的辅助作用下，新的交通环岛早、晚高峰最大容量下降了40%（通行车辆分别从每小时6 850辆和6 300辆下降至4 000辆和3 800辆），这在伦敦市中心是前所未有的，且其余60%中的大部分是不能减少的公共汽车和出租车[24]。查理一世雕塑周围自然转变为一处小型停留空间，游客在这里可以欣赏到令人惊叹的城市全景。为了方便行人进出该区域，新的设计在南端五条道路上增加了容纳行人停留的隔离带和多条人行横道。

　　②广场北侧与国家美术馆之间的步行平台。此前，一条宽阔的四车道机动车道阻断了广场与国家美术馆，造成广场北侧空间使用率极低。新的设计禁止机动

图6.6　空间句法软件对广场行人活动的观察

车辆在广场北侧通行,将其转变为一处宽阔的步行平台,并使用大型中央台阶连接广场与国家美术馆,形成融为一体的步行广场[25](图6.9)。这样的设计不但有效改善了广场的可达性和空间布局,还为国家美术馆提供了与之相称的基座,烘托出建筑的庄严感[26]。建筑与广场的结合使得该地区转变为一处雄伟壮丽的城市空间,大台阶也可供人们休憩、社交及眺望周围历史景点,成为极具人气的场所之一(图6.10)。

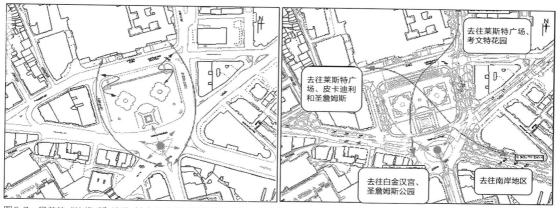

图6.7 目前的"边缘式"流线(左)与提案中的"穿越式"流线(右)

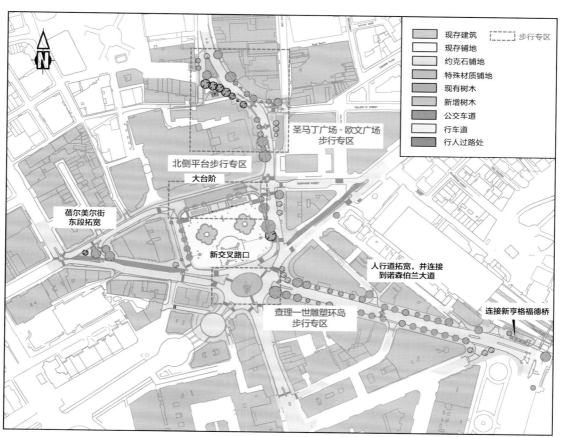

图6.8 步行专区与街道环境改造方案

图6.9 广场北侧道路改造前的交通拥堵情形（左）与步行化改造后的情形（右）

图6.10 国家美术馆成为中央台阶的宏伟背景

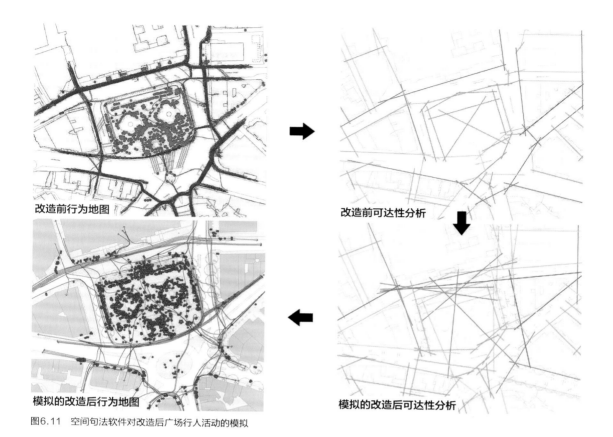

图6.11 空间句法软件对改造后广场行人活动的模拟

③圣马丁教堂广场–欧文广场。圣马丁教堂东侧交通被禁止,为教堂、伊迪丝·卡维尔纪念碑(Edith Cavell Memorial)、国家肖像馆(National Portrait Gallery)之间创建了一个新的步行空间,并通过密集的人行横道连接肖像馆北侧的欧文广场,在整体上塑造了一处步行友好区域。由此,广场的范围进一步向南、北两个方向扩展,广场的空间层次更加丰富,可以满足使用者多种行为需求,成为一处真正具有活力的"公民空间"。

以上设计建议都经过计算机模型的多次模拟,由于计算机有运算时间短的优势,设计团队将其视为"设计生成器",在问题突出或具有设计潜力的区域进行了多次验证,从而获得了较为合理完善的设计方案[27]。空间句法的模型显示,改造后的广场行人可达性水平总体显著提高,特别是新的对角线路径的出现,表明广场上的行人活动得到了丰富和提升(图6.11)。另外,去除广场北侧交通的策略一开始时受到较多质疑,但模型研究表明,这只会增加3%的拥堵量,交通时间仅增多30秒⑥。

6.4.3　提升空间品质：基础设施、街道环境及无障碍设计

在更详细的设计层面，基础设施、街道环境、综合照明及无障碍设计等得到细致的考虑，进一步凸显出对步行者的人性关怀。

①基础设施。北侧平台下的空间被改造为咖啡馆和公共卫生间等设施，供游客和市民使用。咖啡馆和公共卫生间的外墙上尽可能减少开洞，以维持广场原貌；内部装修则在钢材料和白色基调上，引入明亮的红色、黄色色块来活跃空间。咖啡馆还配有固定外摆桌椅，以满足游客休憩、观景的需求（图6.12）。

②街道环境。查理十字路、诺森伯兰大道和蓓尔美尔街（Pall Mall）进行了便道拓宽并采用了更美观的面砖，街道设施（如街头家具、巴士候车亭、标志系统、照明设施、交通信号灯）的形式、色彩及材料得以整合。例如，新的巴士候车亭根据预期的排队长度量身定制模块，采用玻璃和钢结构的设计，配有座椅、公交网络地图及显示实时信息的LED显示屏。

③综合照明。为凸显行人步行专区的建筑立面、雕像和植物景观在夜间的观赏价值，同时提供夜间街道环境的安全与舒适度，广场及周边区域进行了统一的照明设计，创造了与日间完全不同的景观效果。节庆期间还布置有艺术化的照明。此外，灯柱和信号灯柱的位置进行了重新协调：尽量将信号灯头固定在灯柱上，来减少灯杆的数量，并避免视觉杂乱。

图6.12　广场上的咖啡厅

图6.13 新增电梯、扶手等公共设施

④无障碍设计。考虑到特殊的使用需求,北侧平台设置了电梯、母婴室和残疾人洗手间;国家美术馆、圣马丁教堂、欧文广场周围设置了专门的残疾人停车位,橙子街(Orange Street)和稗街的公共停车场内也划有残疾人指定车位;为方便视力障碍者行走,铺设道路和阶梯时使用了具有强烈视觉和材质对比效果的路面砖。

以上设计创造了便捷、舒适、安全、有吸引力的步行环境,在增强实用性的同时也塑造了该区域的空间易读性(legibility)。此外,改造过程特别注重维护这一历史区域的原真性:从原广场上回收的花岗岩石材和板材被重新切割后使用在新的中央台阶和挡土墙上,并配以青铜制扶手[28];露出平台的电梯安装有青铜外壳;咖啡厅外摆桌椅也采用木材和青铜材料(图6.13)。

6.4.4 公众咨询与"鸽子广场"之争

为了更好地塑造具有活力的"公民空间",设计团队在设计过程中成立了专门的咨询小组,在2001年2月就设计提案在伦敦市中心区进行了广泛的公众咨询,具体途径包括举办展览;向咨询区内的所有物业发放问卷;召开新闻发布会;设立专门的网站进行展示和问卷调查;与利益相关部门举行会议;等等。最终,咨询小组收到了约1 600份答复,其中75%支持设计提案并给出了建议,包括关于查理一世交通环岛的局限性、提供定位上下车点和停车场、为残疾人士提供上下车地点和停车设施的建议等[29]。根据公众咨询结果,设计团队进一步调整和细化了设计方案,公众意见在最终的实施方案中都得到了反映。

涉及公共事务的一次典型事件是"鸽子广场"之争。历史上,特拉法加广场曾因大量鸽子在此驻足而得名"鸽子广场",鼎盛时期的鸽子数量达3.5万只。虽然喂食鸽子的活动对游客具有一定吸引力,但由此带来的脏、乱、差的环境形象,以及贩卖鸽食的流动摊贩对广场的历史风貌产生了无法忽视的负面影响。"世界广场计划"启动后,市长利文斯通以鸽子"会造成不便和疾病传播"为由将其驱赶[30],并拒绝为广场上的鸽食销售商续签营业执照。动物权利活动家为反抗市长发起了轮值活动,并自发运送食物来喂养鸽子。面对不屈不挠的活动家,伦敦市政府又采用了多种手段来驱赶鸽子,甚至在2003年立法,明文禁止在广场喂食

图6.14 "鸽子广场"（左）和"净化"后的广场对比（右）

鸽子，违者罚款50英镑。最终在2007年，威斯敏斯特政府在整个威斯敏斯特市对喂食鸽子者处以500英镑的罚款的强硬举措彻底结束了这场政府与公民间的"战役"。鸽子、鸽食销售商甚至是爱好喂食鸽子的人群被一同"驱赶"，特拉法加广场的物质环境得到了"净化"（图6.14）。但也有学者认为，特拉法加广场的复兴实则是修复公民与国家之间关系的空间物化，但"鸽子之战"似乎与这种立意无法相容[31]。

6.4.5 重塑国家广场的场所精神

2003年7月，在经过18个月的建设后，市长利文斯通为特拉法加广场的重新开放揭幕。事实证明，此次改造取得了巨大的成功——广场内的人流量提高了13倍[32]，每天约有4万名游客[33]。特拉法加广场成为真正有趣、共享，并能激发游览者归属感的场所（图6.15）。改造后的特拉法加广场被认为进一步"清晰地表达了英国的社会、历史和政治愿望"[34]，在长期举办传统庆典活动的基础上更成为"创新活动的举办场所"[35]，国家广场的场所精神得以丰富和加强。2005年，伦敦获得2012夏季奥林匹克运动会的主办权时，上千市民聚集在特拉法加广场庆祝伦敦的胜利。2008年，特拉法加广场上安装了巨大的电子屏幕报道北京奥运会赛事，并策划主题不同的街头表演来唤起公众对于伦敦奥运会的兴奋和期待，希望借此表达体育与艺术相通的主题。盛大的国家级集会将国家广场的"尊严"推向了高潮，特色节日庆典更将特拉法加广场塑造为向全世界展示本民族文化的"窗口"。除了西方传统的圣诞平安夜、新年跨年狂欢活动外，特拉法加广场全年还举办多个不同国家的特色节日庆典，如中国农历新年、俄罗斯冬季节、爱尔兰圣帕特里克节等（图6.16）。这些活动一方面与"世界广场"的愿景相契合，另一方面有意识地展示了伦敦的"全球城市"形象及英国包容的外交态度。

"第四基座"（Fourth Plinth）公共艺术计划进一步激活了广场的场所活力，并发展为特拉法加广场一个影响深远的文化品牌。如前文所述，"第四基座"是指广场西北角一处从未被使用的雕塑基座，特殊的历史背景和空间环境使其被誉为"世界上最适合做公共艺术的场地"[36]。1999—2001年，皇家艺术协会（Royal Society of Arts）委托创作的三件艺术作品被依次安置在空的基座上，这些作品引起了人们的广泛

图6.15　改造后的广场人潮涌动

图6.16　中国新年庆祝活动（左）和2012年伦敦奥运会倒计时活动（右）

图6.17　"第四基座"最早展出的三件艺术品：基督像（1999年，左）；"无论历史"（2000年，中）；透明纪念碑（2001年，右）

图6.18　2007年展出的"酒店模型"（Model for a Hotel）

讨论（图6.17）。利文斯通担任市长后，特地任命了第四基座委员会（The Fourth Plinth Commissioning）来负责筛选第四基座上的公共艺术品，并且将其每三年更换一次。2005年至今，第四基座上已经展示了9个艺术项目，大多为轻逸且幽默的当代雕塑（图6.18）。起初，委员会一直试图通过该项目鼓励关于公共艺术在建筑环境中的地位和价值的讨论。相较于"传统和具有代表性的"永久雕像，如今，"第四基座"更接近一个象征性行为，建立了艺术家与公众关于英国的民族认同、历史和现代性的讨论场域[37]。需要说明的是，"第四基座"艺术品的甄选是由"精英阶层"全权主导的，甄选过程并不会向公众公示或征求意见。在宏大的国家广场背景下，官方与公众对于国家形象的塑造理念是否存在偏差仍值得讨论[38]。

6.5　本章小结

特拉法加广场的复兴是一个具有复杂交通问题、用户需求和城市设计限制的区域的综合解决方案。设计团队采取务实的做法，以巧妙且详细的交通管理策略配合精细的城市设计改进措施，最终将一个长久以来令人失望的旅游目的地改造为一处兼具"公民空间"和"国家广场"双重属性的标志性城市公共空间。该过程中尤其值得我们思考和借鉴之处如下：

图6.19 特拉法加广场景观基本保持原貌

①特拉法加广场改造最大限度地保持了历史公共空间的原貌,未破坏该历史街区的古典特征(图6.19);同时,该理念节约了改造工程的时间和资金成本。但这也带来了一些负面影响,如为使广场的历史氛围不被破坏,咖啡厅被禁止进行外观设计和张贴广告招牌,这导致其商业价值大打折扣,经营商也因此高频率流动。

②"世界广场计划"的系统性规划、市长的积极推行,尤其是福斯特事务所作为"明星"产生的影响力和宣传效果,使得这次改造项目得到了广泛的媒体关注度和民众支持,因而得以顺利展开。

③改造中对行人需求、安全问题特别是无障碍设计的关注,体现出城市设计最核心的"以人为本"原则;而公众参与城市空间的改造则进一步充实了"以人为本"的含义,即"人创造城市,城市造就公民"[39]。但在该过程中有可能发生因为遵循某一方的审美意趣而引发对立方被"边缘化"的现象(如"鸽子广场"之争),这一点仍需长期观察和讨论。

④"第四基座"公共艺术计划对特拉法加广场的活力重塑具有不可忽视的作用。借助公共艺术的魅力,特拉法加广场的访问量和关注度都有所提高,更提升了伦敦的城市形象。这反映了一个"全球城市"对公共空间的价值取向,并映射出该城市的品位和生活方式[40]。

从宏观来看,对于威斯敏斯特市及伦敦的旅游经济而言,特拉法加广场的改造无疑是一次有效的长期投资,它大大提高了区域形象,并带来潜在的经济效益。特拉法加广场改造项目将持续多年的伦敦核心区城市环境改造工作推向了巅峰,是英国城市复兴的重要成果,为之后的历史空间改造提供了有价值的实践经验。

注　释

① 资料来源：Transalt 网站新闻"London Reclaims Trafalgar Square，is Times Square Next？"。

② "21 世纪伦敦"（London in the 21st Century）由建筑基金会（Architecture Foundation）组织，并得到了城市开发公司（City Corporation）和《标准晚报》（Evening Standard）的支持。该活动于 1996 年 1 月至 1997 年 7 月举行，由一系列公共论坛辩论组成，旨在让伦敦人在塑造城市环境方面发表意见。超过 15 000 名公众参加了这些活动，包括建筑师、规划师、政治家、专业人士和社区各界代表，辩论内容涉及交通、文化、伦敦未来及其内部治理等各种问题。建筑师理德·罗杰斯（Richard Rogers）在论坛上提出了特拉法加广场步行化的议题（资料来源：Architecture Foundationw 网站）。

③ 伦敦公共汽车优先网络（London Bus Priority Network，LBPN）是 33 个伦敦地方当局与伦敦交通局于 1993 年合作建立的一项交通政策。该政策的目标是到 2003 年建立 865 公里公交优先道路，其中包括交叉路口的公交优先和 24 小时强制公交专用车道（资料来源：Hillingdon 网站）。

④ 分段运行（split phasing）是一种交通信号设计方案，指允许一个方向的所有车辆运动（例如向北、向右和向左）通行，然后是相反方向的所有运动（例如向南、向右和向左）通行。在某些几何和交通流条件下，分段运行有时可以更有效地服务于车辆交通（资料来源：Transportation Research Board 网站）。

⑤ 资料来源：维基百科"London congestion charge"词条介绍。

⑥ 资料来源：BBC 网站新闻"Plans for Car-free Trafalgar Square"。

参考文献

[1] Carmona, M. Wunderlich, F.M. Capital Spaces: The Multiple Complex Public Spaces of A Global City[M]. London: Routledge, 2013.

[2] Goldstein, J.L. Juxtapositions in Trafalgar Square: Tip-offs to Creativity in Art and Science[J]. Nature medicine, 2013, 19(10): 1222.

[3] 五一. 伦敦城市公共交通枢纽发展的经验及启示 [J]. 城市轨道交通研究，2007(12): 1-4.

[4] Escobar, M.P. The Power of (Dis)placement: Pigeons and Urban Regeneration in Trafalgar Square[J]. Cultural Geographies, 2014, 21(3): 363-387.

[5] 杨滔. 国家广场的活力和尊严——以伦敦特拉法加广场为例 [A]. 中国城市规划学会、贵阳市人民政府. 新常态：传承与变革——2015 中国城市规划年会论文集（06 城市设计与详细规划）[C]. 中国城市规划学会、贵阳市人民政府：中国城市规划学会，2015: 9.

[6] Burdett, R. Changing Values:Public Life and Urban Spaces[EB/OL]. eprints.lse.ac.uk 网站.

[7] 邢子岩. 走向可持续发展的城市——福斯特及合伙人事务所城市设计实践 [J]. 城市建筑，2010(02): 36-43.

[8] Marshalls. World Square, London[EO/BL]. cms.esi.info 网站.

[9] Cotton, S. World Squares for All: Management of Traffic on the Approaches to Trafalgar Square[EB/OL]. abstracts. aetransport 网站.

[10] Stefanidou, G. Regenerating Public Spaces: Exploring the Case Study of Trafalgar Square[M]. University of London, University College London (United Kingdom), 2008.

[11] Greater London Authority. Square's Annual Report 2002: Trafalgar Square and Parliament Square Garden[R]. London: GLA, 2002.

[12] 同参考文献 [1].

[13] Kamali, F. Earl, T. The Pedestrianisation of Trafalgar Square: How Do We Deliver a Sustainable Scheme at a World Heritage Site?[A]. Proceedings of the European Transport Conference(ETC)[C]. Strasbourg, France, 2004.

[14] 同参考文献 [1].

[15] 同参考文献 [13].

[16] 同参考文献 [13].

[17] 同参考文献 [9].

[18] 同参考文献 [9].

[19] Livingstone, K. The Challenge of Driving through Change: Introducing Congestion Charging in Central London[J]. Planning Theory & Practice, 2004, 5(4): 490-498.

[20] Banister, D. Unsustainable Transport: City Transport in the New Century[M]. London: Routledge, 2005.

[21] Hillier, B. Stonor, T. Space Syntax-Strategic Urban Design[A]. Reports of the City Planning Institute of Japan[C]. Japan, 2010-06-25.

[22] Hillier, B.Stonor, T. Major, M.D. Spende, N. From Research to Design: Re-engineering the Space of Trafalgar Square[EB/OL]. gisweb.massey.ac.nz 网站.

[23] 同参考文献 [13].

[24] 同参考文献 [9].

[25] Foster, N.Space Syntax First International Symposium 1997-Opening Address [EO/BL]. spacesyntax.net 网站.

[26] 佚名. 特拉法加广场再建，伦敦 [J]. 城市环境设计，2015(12): 142-147.

[27] 同参考文献 [22].

[28] 杨滔，商谦. 公共领域：人和场所——福斯特建筑事务所的城市设计 [J]. 城市设计，2017(04): 6-27.

[29] 同参考文献 [13].

[30] 同参考文献 [4].

[31] 同参考文献 [4].

[32] 佚名. 特拉法加广场——历史公共空间再生 [J]. 城市建筑，2005(07): 64-65.

[33] 同参考文献 [2].

[34] Mace R.Trafalgar Square:Emblem of Empire[M].

Lawrence and Wishart, 1976.

[35] Sumartojo, S. Britishness in Trafalgar Square: Urban Place and the Construction of National Identity[J]. Studies in Ethnicity and Nationalism, 2009, 9(3): 410-428.

[36] 吕坚 . 伦敦"第四雕塑基座":公共艺术项目逐鹿之地 [J]. 公共艺术 , 2009(01): 56-60.

[37] 潘力 ."地方重塑":国际公共艺术的启示 [J]. 美术观察, 2014(01): 135-141.

[38] Sumartojo, S. The Fourth Plinth: Creating and Contesting National Identity in Trafalgar Square, 2005-2010[J]. Cultural Geographies, 2013, 20(1): 67-81.

[39] 同参考文献 [4].

[40] 同参考文献 [37].

图片来源

图 6.1:参考文献 [1]。

图 6.2:参考文献 [7]。

图 6.3:Foster+Partners 官方网站。

图 6.4:参考文献 [25]。

图 6.5:参考文献 [9]。

图 6.6:参考文献 [22]。

图 6.7:WordPress 网站 Tim Stonor 个人主页。

图 6.8:参考文献 [13]。

图 6.9:参考文献 [26]。

图 6.10:作者拍摄。

图 6.11:参考文献 [22]。

图 6.12:作者拍摄。

图 6.13:Feilden+Mawson 官方网站。

图 6.14:左:参考文献 [4],右:Mayor of London 官方网站。

图 6.15:维基百科"Trafalgar_Square"词条。

图 6.16:左: Your Holiday Planner 网站,右: Cronkite News 网站。

图 6.17:左: the Telegraph 网站,中: The Irish News 网站,右: Gagosian 网站。

图 6.18:作者拍摄。

图 6.19:同图 6.15。

第7章
保护与新生——考文特花园更新记

　　"在圣保罗教区的一个地方，考文特花园，通常被称作'广场'，是一个自由买卖各种水果、鲜花、树种和香草的市场……"

　　城市公共空间是人们参与各种公共活动的物质场所，其中广场、集市、车站等场所与市民的日常生活息息相关，往往承载了更多的地方文化与集体记忆，因此具备较高的保存和更新价值。考文特花园（Covent Garden）是伦敦最古老的集市之一。自1670年被授予市场许可证以来[①]，考文特花园已被持续使用近四百年，积淀下来的丰富历史与繁荣的市民生活以及艺术氛围相结合，使其成为伦敦重要的城市地标，被喻为"伦敦这枚戒指上的宝石"[1]。考文特花园曾一度面临全盘拆除的威胁，然而在城市复兴运动的背景下，最终探寻出一条遗产保护与城市发展相结合的更新道路，从而造就了如今既充满现代都市的繁盛生机，传统文明又余脉未息的独特城市景象（图7.1）。

图7.1　20世纪30年代和2014年的考文特花园街角合成照片，可以看出建筑和街道景观基本未变

7.1 考文特花园的形成与历史变迁

考文特花园地区位于威斯敏斯特城（City of Westminster）和伦敦金融城（City of London）之间的核心地段，临近特拉法加广场（Trafalgar Square）、萨默塞特宫（Somerset House）、苏荷广场（Soho Square）等重要历史区域。考文特花园包括中央市场大厅及周边的街区（核心区域）、圣马丁巷（St. Martins Lane）、龙阿克里（Long Acre）、特鲁里巷（Drury Lane）四个部分[2]（图7.2）。中世纪时期，考文特花园所在区域是威斯敏斯特修道院的耕地和果园（"花园"名称由此得来），16世纪，修道院解散后，该地区的土地所有权被亨利八世（Henry Ⅷ）收回并授予约翰·罗素（John Russell），即第一代伯德福公爵（Bedford）[3]。考文特花园的形成和历史变迁基本可以划分为三个阶段：

①总体规划阶段。1630年，恩格·琼斯（Inigo Jones，后被誉为英国历史上最伟大的建筑师之一）受第四代伯德福公爵委托，在此设计建造了圣保罗教堂（St. Paul's Church）和三面带帕拉迪奥式拱廊的精美建筑，中心为占地7 000平方米的广场（piazza）。这里整体尺度宜人、宽敞优雅，广场形制带有明显的文艺复兴风格（图7.3）。这源于琼斯对意大利正式广场（formally designed piazza）的热衷和了解，尤其是里窝那（Livorno，意大利城市）的大广场（Pizza Grande）和法国巴黎的孚日广场（Place des Vosges）②。考文特花园被普遍认为是"英国城市历史上第一处经过精心设计的公共空间"[4]，也是"对英国都市主义（urbanism）的第一次重大贡献"[5]。经历了数次大大小小的破坏后，如今的考文特花园是不同时期修复或重建的叠加结果，幸运的是，这里大体保持着统一的文艺复兴时期的建筑形制和风格。

②中央市场的诞生。极具围合感的中心广场自建成起就开始聚集人气，随后逐渐演化为一处服务于市民生活的露天果蔬市场。1670年，第五代伯德福公爵认识到这里的商业潜力并申请了专利授权书，使经济活

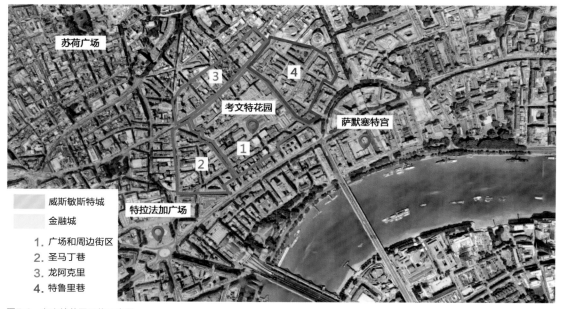

图7.2 考文特花园区位示意图

动合法化[6]，商业发展因此成为该地区的核心要素，并孕育了一批从事服务行业的工人阶级。进入1828年，为改善噪声、气味、街道堵塞等环境问题，第六代伯德福公爵决定建造一座市场大厅以规范流动摊位。两年后，由建筑师查尔斯·福勒（Charles Fowler）设计的一座覆盖着玻璃穹顶的新古典主义建筑——考文特花园中央市场大厅（Central Market Building）取代露天市场正式建成开放。福勒采取了在当时称得上革命性的手法——一座适用于功能要求、朴实、"清晰地表达了其所建立的目的"的建筑，而不是建造一个古典"城堡"或"哥特式教堂"。希腊-罗马式（Greco-Roman）风格的外立面包围着北大厅（North Hall）、南大厅（South Hall）和中央大街（Central Avenue）三个部分，内部为开放式商铺，地下还配有贮藏空间[7]（图7.4）。尽管该建筑的设计建造费用远远超出了预算，但由于市场空间变得更加经济有序，吸引了大量市民来此消费，伯德福公爵因此获得了更多红利。

　　③繁荣与衰落。考文特花园地区历经多次变迁，先后成为富人区、红灯区、劳工居住地、艺术家居住地、鲜花果蔬市场等（图7.5）。经历了20世纪20年代的鼎盛时期，考文特花园逐渐显现出市政建设落后、交通堵塞、居住人口减少、居住环境恶化等衰败现象，成了"市中心的贫民窟"[8]；同时，民众对贵族占有土地日渐不满，伯德福家族不得不将这块"烫手山芋"抛售给房地产公司，后历经辗转，于1964年被当时伦敦最高行政机构大伦敦议会（Great London Council，GLC）接手[9]。就此，考文特花园的更新历程正式拉开序幕。

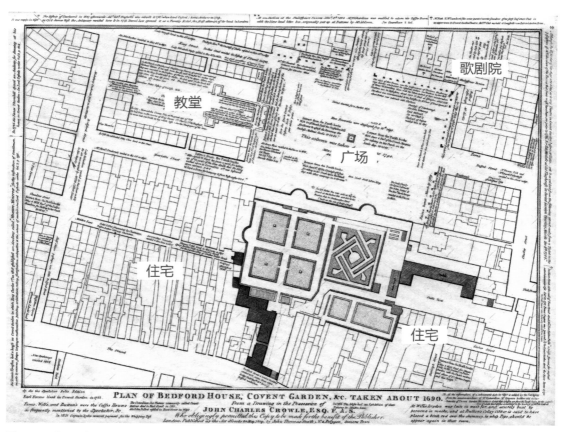

图7.3　17世纪90年代的考文特花园设计图纸

图7.4　露天市场的形成（左）；保存完好的市场大厅（右）

图7.5　考文特花园历史照片

7.2　首轮更新：20世纪70—80年代

7.2.1　保护运动与权益博弈

　　一开始，GLC并未意识到考文特花园所具有的特殊的历史文化价值，相反，该地段日益增高的商业价值成为政府与地产开发商的兴趣点；同时，在第二次世界大战后主张"创造性破坏"（Creative Destruction）、"推倒式重建"的现代主义城市规划理念的影响下，新旧事物被完全对立，拆除考文特花园这个"落后的旧事物、为新事物腾出空间"似乎顺理成章[10]。GLC先后推出两个阶段的更新草案《考文特花园的搬迁》（Covent Garden's Moving，1968）和《考文特花园：下一步》（Covent Garden：The Next Step，1971），划定96英亩（36公顷）土地为综合开发区（Comprehensive Development Area，CDA），决定拆除近一半"具有历史意义"的建筑和82%的住房，在一片废墟的基础上规划建设一个全新、有序、与之前毫不相干的现代城市中心，包括可容纳4 000人的国际会议中心、办公室、高层住宅、酒店以及一条四车道高速公路等[11]。这个宏大的开发计划受到一部分政客和开发商的推崇，称赞其为"1666年伦敦大火以来最激动人心的综合发展计划"③。

　　显然，草案对世代居住于此的原住民置之不理，在此谋生的商贩也收到了GLC写给"亲爱的租客"的信件——"尽快离开家园才是明智的选择"[12]。这意味着以工人阶级为代表的低收入居民和商户不仅不能成为规划草案的受益者，反而还将被驱逐离开。草案出台后，建筑师吉姆·莫纳汉（Jim Monahan）立即带领青年建筑师小组挨家挨户普及草案带来的危害和严峻的现实情况④。不久后，面临失去家园和工作的居民在青年建筑师小组的鼓舞下展开了漫长而艰苦的考文特花园保护运动，同时奋力争取住房保障、医疗保健、社区安全、公共设施等正当权益。居民们首先通过组织集会、游行示威、举办街道规划草图展览等方式团结社区力量，并在此过程中选举成立了考文特花园社区协会（Covent Garden Community Association，CGCA）。随后，CGCA利用《泰晤士报》（The Times）、《卫报》（The Guardian）、《建筑周刊》（Architecture Week）等英国各大主流媒体扩大社会舆论，诸如"伦敦剧院面临风险"（London Theatres at Risk）、"城市起义"（Revolt in the Cities）这样的头条新闻使考文特花园很快发酵为整个伦敦乃至全国性的话题[13]（图7.6）。

　　反反复复的几轮听证与调整让居民与GLC的博弈难分胜负，直到1973年，这场博弈出现了戏剧性的结果——时任环境大臣的杰弗里·里彭（Geoffrey Rippon）一面批准考文特花园作为GLC管理下的综合开发区，一面又宣布考文特花园区域内的245栋历史建筑将被列入英国登录建筑名录（Listed Buildings），并拒绝了GLC提案的某些关键部分[14]。英国登录建筑体系是一种权衡保护与开发、限制与奖励的灵活制度，它通过考察建筑的建造时间、风貌、材料、建筑师、历史等方面将其划分为三个等级——Ⅰ级：具有重大意义；Ⅱ*级：具有特殊意义；Ⅱ级：群体价值较大。其中Ⅰ级、Ⅱ*级建筑由国家部门管理，Ⅱ级建筑由地方规划部门管理[15]。考文特花园的皇家歌剧院（Royal Opera House）、圣保罗教堂等属于Ⅰ级保护建筑；中央市场大厅、国王街43号等建筑属于Ⅱ*级，被要求不得随意拆除或改建[16]（图7.7）。这是迫使GLC放弃"伦敦市中心最大型、最激动人心的城市更新规划"的决定性一步。自此，考文特花园兼具"综合开发区"与"历史保护区"的双重身份，政府不得不重新酝酿新的更新途径。

图7.6　考文特花园保护运动中的抗议活动

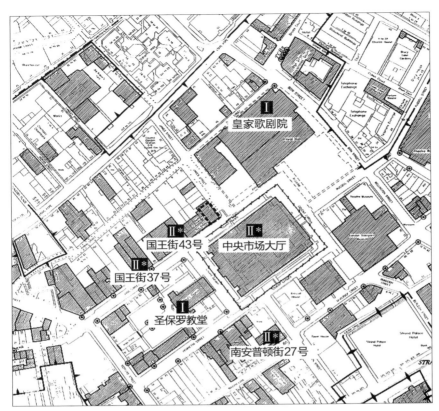

图7.7   考文特花园的登录保护建筑分布

7.2.2   考文特花园行动区计划

经过几年的调研与多方走访，1978年，大伦敦议会考文特花园委员会（GLC Covent Garden Committee）领衔制订了《考文特花园行动区计划》（Covent Garden Action Area Plan）。该计划试图在"保护考文特花园的历史角色"与"在伦敦市中心建立真正的住宅社区"之间取得平衡，因此保留了GLC的一些原始开发目标，但塔楼和新高速公路的计划被取消，以维护该地区的历史结构和特征。

①总体规划。原有鲜花与果蔬批发市场被搬迁至5公里以外的九榆树地区（Nine Elms），从而腾出150万平方英尺楼面空间[17]。新的总体规划建立在改善居住环境、加强商业特色和活力的社会目标上，对住房、工商产业、办公空间、娱乐场所、酒店和旅游业、购物以及开放空间做了详细的规划。保护区内允许一定程度的开发，但新建建筑的规模及性质必须与周围环境相符，不得破坏街区传统风貌。

②建筑修复改造。 与重建一样，修复计划必须尊重周围环境的规模、特征和外观。 建筑物的扩建或增建应采用类似的材料并遵循旧有的设计；另外，建议相邻建筑进行统一的立面改造，为打通内部空间提供条件。1978—1980 年中央市场大厅进行了谨慎的修复改造，以延续该区域三百多年的"集市记忆"。 建筑的整体空间格局以及结构都被完整保留下来，最大的改动为打通原有的地下区域并挖出两个相连的室内中庭，创造出明亮宽敞的两层通高中庭空间[18]，使之更加适宜容纳公共活动，同时增加了可出租面积[19]。 中央市场用来经营咖啡、酒吧、手工艺品、画廊、创意产品等小成本特色商业（图7.8）。另外，广场四周的建筑进行修复改造时都被要求尽可能创造与歌剧院和朱比利市场（Jubilee Market）类似的柱廊[20]，为游客提供观望、停留空间（图7.9）。

③广场空间步行化改造。 作为英国最大的鲜花与果蔬批发市场，考文特花园曾由于大量的物资运送和集散而饱受交通拥堵和污染物的困扰。 原市场搬迁后，广场及周边区域被规划为购物娱乐区，因此禁止机动车辆在此穿行，并恢复为用更加适宜步行的花岗岩和约克石（Yorkstone）铺地。 步行化改造为广场休闲娱乐功能的开发创造了条件。 首先，市场大厅北厅以及教堂前的空地被划为专门的表演场地，每天都有街头艺人来此表演（需持街头艺人执照），成为该地区最广为人知的特色节目（图7.10）；另外，广场还成为伦敦第一处合法的夜间娱乐场所，经营有许多深夜酒吧和餐馆。 为营造安全的游览环境，市场大厅和广场布设了大量照明，如路灯、吊灯橱窗照明。 考文特花园被称为"夜生活天堂"，这种氛围一直延续到今天[21]（图7.11）。

图7.8 中央市场苹果大厅内景

图7.9   广场四周适宜步行的柱廊空间

图7.10   广场上的街头表演

图7.11　考文特花园的节日夜景

7.2.3　首轮更新的成效与评价

到1980年，市场大厅和广场区域已经基本完成了更新（除了皇家歌剧院的扩建）[22]。在没有市场研究及类似先例的情况下，考文特花园的首轮更新取得了令人惊喜的胜利。有盖的市场大厅成为伦敦为数不多的"室内商业步行街"，轻松的氛围迅速吸引了大批游人（特别是年轻群体）[23]；除了核心区域的重塑，首轮更新中还在周边地区提供了大量社会住房和新的基础设施，取得了显著的社会效益。

由于20世纪70年代的房地产公司对历史街区更新项目没有投资兴趣，该项目所需的500万英镑全部来源于公共资金，这意味着项目在与房地产行业完全不同的一套规则和目标下运作——"创造社会和社区的复兴，创造一个让伦敦人感到自豪的地方"[24]。以中央市场为例，由于不受"最高租金"目标的困扰，大的修复达到了高标准质量；同时，管理团队建立了严苛的商铺准入制度，拒绝了连锁商店的入驻，并主动寻找、组建了富有特色的零售和餐饮。另外，康登市议会（Camden Council）和威斯敏斯特市议会（Westminster City Council）两个地方政府机构参与了新增住房计划、街头设施改善、交通管理以及开放空间布局和维护的相关工作；中央政府参与了该计划中具有国家意义的部分工作，如皇家歌剧院扩建和剧院博物馆的修建。

1981年，《泰晤士报》和皇家特许测量师协会（Royal Institution of Chartered Surveyor）发起了一项考察欧洲城市复兴项目的国际竞赛，考文特花园因其"具有想象力和主动性的更新方式"而获得了"非居住区域城市遗产保护项目组第一名"[25]。可以说，首轮更新后的考文特花园被赋予了历史文化地标、市中心特色商业区兼综合娱乐餐饮区的多重身份，为本已衰落的旧城增添了生机。

7.3　第二轮更新：1995—2005 年

7.3.1　更新需求与权力移交

经历了十余年开放运营后，考文特花园的商业和旅游业取得了巨大成功，但同时也带来了新的压力。

①物质环境恶化。1994 年开始的街道检查（street audit）结果显示：首先，由于缺乏整体的设计控制以及后期管理，杂乱无序、缺乏美感的商业招牌和遮阳篷逐渐充斥公共领域，不能与建筑风格融合，造成街道界面混乱且缺乏吸引力；其次，由于这里是剧院聚集区与购物广场，每天都有大量游客和市民在此逗留，造成了一定程度的交通拥堵，原本适宜步行的舒适、愉悦的空间氛围渐渐不复存在；最后，游客的大量涌入及管理部门失职导致街区内出现垃圾管理混乱、公共设施滥用、噪声增加等环境问题。

②商业环境退化。首轮更新创造了良好且具有吸引力的商业环境，然而在投入运营十多年后该地区的商业竞争日益激烈。一方面，这带来不良竞争的问题，对该地区的商业品牌产生了消耗；另一方面，激烈的商业竞争一步步抬高店铺租金，从而使一部分盈利甚微的特色小成本商业被大型连锁店铺取代，虽然主流商业实体非常受欢迎，但对考文特花园地区既定的独特品格造成了威胁。

20 世纪 80 年代伦敦市的政治架构变动造成了考文特花园所有权和管理权的移交，由此导致了第二轮更新的主体变更。根据 1985 年的《地方政府法》（Local Government Act 1985），GLC 于 1986 年解散，其权力被下放给伦敦自治市和其他政府机构。考文特花园的前 GLC 物业以招标方式出售，但特别安排了"考文特花园保护区"（Protected Lands），包括中央市场、伯德福会议厅（Bedford Chambers）、博物馆街区、朱比利市场大厅等。1988 年，这些房产被出售给新的 GRE 保险公司（Guardian Assurance Plc）。其后，国家当局、地方政府同社区协会联合成立了考文特花园信托基金会（Covent Garden Area Trust，CGAT），并获得了 150 年的租赁权[26]。CGAT 由曾领导 GLC 考文特花园团队的杰弗里·霍兰（Geoffrey Holland）担任主席，成员分别来自威斯敏斯特和卡姆登两个地方政府、CGCA、英国历史建筑和古迹委员会、英国皇家建筑师协会（Royal Institute of British Architects，RIBA）等一众政府机构和利益集团。该机构旨在获取土地管理权后继续实施行动区计划中的管理政策，以维护和加强考文特花园的建筑和街景特色，保护该地区的文化和商业价值；同时促进该地区的高标准规划，发展和改进适合该地区的新用途。

7.3.2　更新过程

本轮更新于 1995—2005 年的 10 年间进行了一系列持续的小规模物质更新，重点为中央市场大厅及广场的视觉效果改善。1997 年，街道检查成果被整理进《中央考文特花园环境研究》（Environmental Study of Central Covent Garden，以下简称《环境研究》），在指出现有问题的同时制定了一套设计指南，用于指导家具、标牌、店面、花盆、街道设施的设计[27]。2004 年，CGAT 又出版了后续研究《关注考文特花园：保护与管理指南》（Caring for Covent Garden: A Conservation and Management Guide,

以下简称《保护与管理指南》），进一步深化了更新意见。 第二轮更新提出了500
余项细致的建议，主要分为以下三个方面：

　　①建筑立面效果。 基于对历史建筑的仔细分析，采用图解形式说明每组建筑
物的立面改善措施，包括恢复传统的尺度比例、建筑元素、材料形式和颜色等。
中央市场大厅立面为木材和玻璃搭配，因此建议店面设计采用深色与其搭配，并建
议同一商业类型使用一致的店面设计；广告牌应得到统一和规范；移除对建筑立面
造成负面影响的咖啡馆遮阳伞、广告灯箱、大型垃圾箱等。

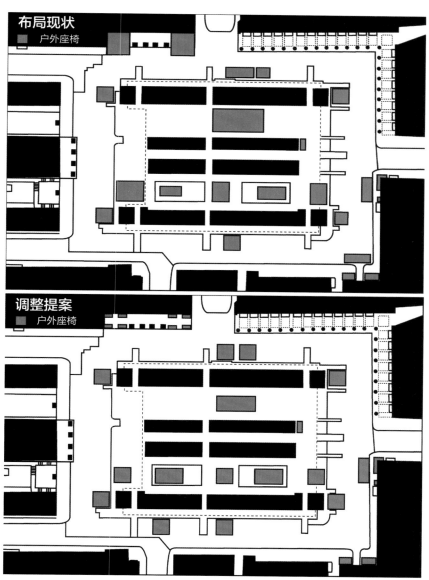

图7.12　调整前后广场上的座椅布局

②外部空间环境。户外桌椅作为酒吧、餐厅或咖啡馆的延伸，已成为考文特花园的特色之一，可供游人休憩、观看，感受历史氛围。改善户外桌椅将有助于减少外部空间的视觉混乱，具体的改善内容有：调整广场上的座椅布局，注意规范桌椅的数量和位置，防止肆意蔓延对街道景观产生影响（图7.12）；建议采用黑色、轻巧、无装饰性部件的标准化设计桌椅，适度尊重历史区域风貌，以减少视觉冲击；不建议采用塑料或金属材质、带有较大的遮阳伞或是设计烦琐的桌椅。

③开展特色活动。自首轮更新起，街头表演就成为该区域的特色活动，但周围居民认为喧闹的表演与考文特花园的历史氛围相冲突；并且被街头表演吸引来的人群中大部分都停驻在广场，不会选择进入周围的零售店或咖啡馆进行消费，因此街头表演无法达到直接促进商业增长的目标[28]。第二轮更新建议开展更适当的活动，如2003年9月的"广场上的蓝旗亚"（Lancia in the Piazza）展示活动吸引了大量以家庭为单位的游客，并创造了周日最高消费纪录之一；"食品爱好者博览会"（Food Lovers Fair）则受到全体商户的欢迎[29]。

7.3.3　第二轮更新的成效与评价

从2000年开始，Atkins受到委托，对500余项更新措施逐条进行检查，以检验第二轮更新的成果，并于2008年出版了《考文特花园的持续复兴》（The Continuing Covent Garden Renaissance）。结合该报告与《保护与管理指南》，可以看出更新措施总体上实施良好，街区环境有了重大改善：

①广场区域的整体环境提升效果显著。柱廊的拱顶、照明和店面进行了重新装修；对户外座位区的布局进行了调整，带有大型遮阳伞以及廉价的塑料桌椅都被移除，取而代之的是深色金属框架搭配木质板材的桌椅组合，更加轻巧并且不突兀[30]；移动支付系统的引入使广场周边街道原有的停车付费设施减少，从而提升了街道的整洁度[31]。

②其他区域的重点历史建筑外立面得到改善。伯德福会议厅、国王街（King Street）、交通博物馆（London Transport Museum）等多处建筑物的外立面都进行了翻修。经重大翻修后的交通博物馆既保留了历史建筑的特色和风格，又为工业制品的展示提供了具有现代感的背景[32]。国王街的整体街道外立面按照设计指南进行了修复改造，店面色彩和风格更加内敛、协调（图7.13）。但由于建筑物连续施工，建筑物之间的街道空间无法如期进行整修。

第二轮更新的主要参与方CGAT作为一家注册慈善机构，既受到较大的权力限制，又具有自身优势。权利限制体现在：一方面，针对保护区内的房产，CGAT只能通过修订租约对租户进行有限管理；而在保护区外的房产，只能利用自身影响力为地方规划当局提供支持或反对意见。但另一方面，CGAT在免税筹资⑤，处理与租户的矛盾⑥，以及弥补地方规划局的管理短板等方面具有明显的优势⑦。总之，CGAT的存在避免了将房产出售给私营部门后，极有可能发生的以最大化商业利益为目标的历史结构破坏，并在维持商业发展、监督改善环境质量方面发挥了主导作用。

根据检查结果，第二轮更新中存在以下实施不完善的情况以及新出现的问题：

①举办户外活动带来了额外的环境压力。由于大量人流的涌入，需要提供新的服务设施以保证环境的安

图7.13　改造前后的国王街40号（上）、42号（下）外立面

全性和舒适性，包括设置专用座椅区域、防止拥挤的围栏、紧急车辆通道等，这些给已经过度拥挤的公共领域带来了新的压力。在有限的广场空间内，这些临时活动所需的空间和设施与日常性使用之间存在很大的冲突，这成为该区域亟待解决的新问题。

　　②新的环境问题已经显现。如室外饮酒、乱扔垃圾和噪声滋扰等不良行为；广场的户外桌椅数量仍然过多，影响视觉观赏的同时造成人员流通不便；缺乏管理维护，导致垃圾处理不及时、广告牌侵占公共领域、各种车辆停放不规范等问题。

7.4 第三轮更新：2006 年至今

7.4.1 总体规划

2006年，Capco（Capital & County）投资公司以4.21亿英镑购买了保护区及周边几处房产[8]。Capco是专注于伦敦市中心房地产的最大的投资和开发公司之一，考文特花园和厄尔士展览中心（Earls Court）是该公司的两处核心资产。完成收购后，Capco立即委托KPF建筑事务所对考文特花园进行新一轮的总体规划。此次规划以创造"世界级的城市综合功能区"为目标，致力于提高游客体验质量，并重新平衡各种用途，包括住宅、现代化办公空间以及升级的零售和餐饮网点，以吸引伦敦人回归此地工作和居住（图7.14）。为此，它提出三方面的干预措施：

①公共领域改进。通过建立全新的步行路线和打开原本封闭的内院，改善与周围交通枢纽和邻近地区的联系，从而提高考文特花园公共领域的渗透性，同时有效缓解交通拥堵，增加临街零售店铺数量（图7.15）。该措施旨在延续历史区域内在品质的同时，进一步推动其向休憩娱乐场所转变。

②历史建筑的保护和重新定位。新一轮规划提出修复一部分登录保护建筑，并恢复原先的功能；另一部分则被改造为高端住宅、酒店或精品商店，为该地区增加多样化的用途，以此吸引本地人回归。

③局部开发新的建筑。Capco前后开发了临近的国王花园（King's Court）、花卉园（Floral Court）、马车大厅（Carriage Hall）等新项目，采用庭院空间将新旧建筑组织起来，并通过通道、连续的半室外空间等方式与公共系统连通。新建筑外立面采用类似旧仓库的手工制砖和钢制窗框，尺度和比例方面则具有明显的现代感（图7.16）。

在该过程中，CGAT继续履行对保护区内重要建筑物的使用、改建和变更的职责。此外，2004年，威斯敏斯特市制订了《考文特花园行动计划》（Covent Garden Action Plan，以下简称《行动计划》），为考文特花园的持续更新提供详细的意见。除了被Capco收购的核心区域，其他区域则按照《行动计划》以及CGAT的意见继续展开物质环境改善。

7.4.2 商业运营

这一系列空间改善举措背后是Capco追逐高额商业利益的"野心"，并且更为直观地体现于考文特花园街区的商业运营管理方面（图7.17）。

①零售。Capco接手运营后，除了市场大厅的中庭保留有手工、艺术、古玩等流动摊位，中庭两侧原有的小成本私人小店都被能带来更高租金收益的高端零售店和餐厅所取代。2010年，全球最大的苹果商店（Apple）在此开业，这是考文特花园发展过程中的一个里程碑，也让Capco坚定了改变零售组合、吸纳高端商业的资产管理战略。

②餐饮。Capco运营下的考文特花园餐饮核心策略为组建高品质、差异化的餐饮类型。近十年来，考文特花园引进了许多知名餐厅品牌，其中许多都是"英国首家"，Capco希望以此来推动餐饮业的转型。

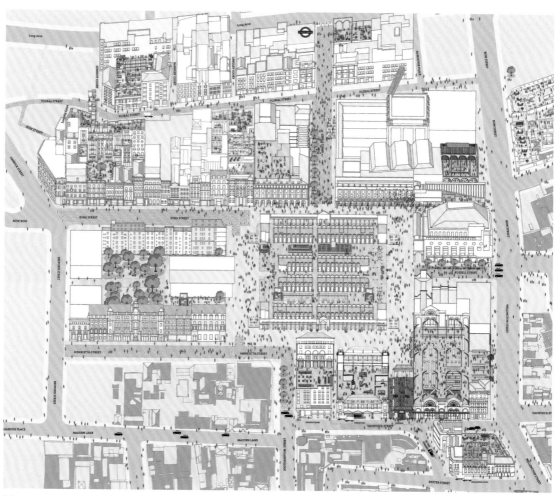

图7.14　KPF编制的考文特花园总体规划

图7.15　从实心街区开辟庭院和通道，提高公共领域渗透性

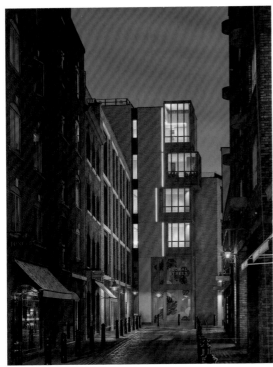

图7.16　花卉园住宅区建成实景

图7.17　精品店店招遍布四处

③办公。考文特花园处于伦敦市中心的绝佳位置，与其他地区都有良好的连接，是理想的办公地；同时，它独特的历史街区特征和娱乐休闲氛围吸引了创意公司的入驻，该地区已成为媒体和广告创意行业的基地。Capco为租户提供服务式办公室（serviced office），以更灵活的租赁条款和完善的设施管理为新兴企业提供优于传统办公的服务。

④居住。17世纪时，考文特花园曾是伦敦的一处豪华居住地，Capco渴望恢复这一历史特征，先后开发了上文所述的几处高端住宅项目，新建住宅的露台可以俯瞰历史悠久的屋顶和广场。目前，考文特花园的总体住宅价格已经高过附近的查令十字街（Charing Cross）和Soho地区。

⑤文化。考文特花园一直是戏剧和表演的代名词，世界著名的皇家歌剧院、拥有40个表演场地的西区剧院带（Theatreland），以及每天上演着街头表演的中央广场都是最富活力的艺术场所。在此基础上，Capco进一步发展文化品牌营销，常年开展特色文化活动；同时还展出了巨型充气兔子、10万个发光的白色气球等公共艺术装置，吸引了众多游客和市民前来参观和体验。

7.4.3　第三轮更新的成效与评价

近几年的年度报告显示，考文特花园每年吸引超过4 000万人次访问，房产的整体商业价值实现连续增长[33]。以2018年为例，房产总值为26.1亿英镑，比2017年增长1.6%；零售和餐饮方面，有超过100家店铺常驻于此，入驻率高达97%，租金收入净额同比增长9.6%（图7.18）；居住方面，花卉园新落成的16套豪华公寓已经全部出租，并且带动了整个地区的房租同比上涨17.9%[34]。自2007年起，Capco进一步收购了皇家歌剧院街区等几处房产，目前，考文特花园已拥有78栋建筑物，共120万平方英尺（约11万平方米）的经营面积⑨。

在Capco的经营下，考文特花园取得了前所未有的商业成功。然而，有不少研究者指出了商业繁荣背后的问题：遍布的精品店和时尚餐厅使考文特花园呈现出过度商业化的状态，参观者大都是高消费的外地游客，与普通市民的日常生活愈加疏离[35]。考文特花园的年度报告显示：在年访问量基本稳定的前提下，伦敦市民占比却逐年下降——2014年为54%[36]，2018年下降至37%[37]。在更深刻的层面上，"商品化"的历史遗产失去了原有内涵。例如，虽然中央市场大厅的美学价值得以保留，但市场本身在历史中作为基础设施的重要性已被抹去，成了一个塞满高档商业的"空壳"。总之，批判家认为，20世纪80—90年代那个充满地域感与社区感的考文特花园已不复存在[38]。

目前，考文特花园正面临新的政策背景驱动下的又一轮发展。2016年，新任伦敦市市长萨迪克·汗（Sadiq Khan）出台了伦敦中央活动区（Central Activities Zone，CAZ）补充规划指导（SPG），要求在其战略职能（包括商业、文化、娱乐、购物和旅游）与更多当地活动（包括住房）之间取得谨慎的平衡[39]。位于CAZ核心区域的考文特花园必定会受到该战略的影响。此外，2017年，伦敦市市长和GLA（Greater London Authority）政府提出"通过设计实现良好增长"（Good Growth by Design）的战略愿景，提议在容易到达的区域进行更好的土地利用和更高密度的开发，以解决每年新增的7万人口带来的住房压力⑩。以上两项新政策将对考文特花园地区提出更高的发展要求，为此，Capco正在制订新的环境总体规划，以支持这些政策的推行。

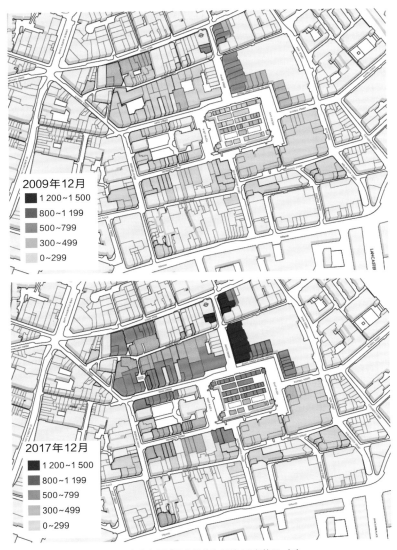

图7.18　考文特花园店铺租金分布图（租金单位为英镑/平方英尺·年）

7.5　本章小结

　　考文特花园作为伦敦历史最悠久的城市空间遗产片区之一，在近五十年中经历了三轮物质更新。首轮更新中强调延续场所记忆，保护根植于场地的珍贵的"非物质文化遗产"（历史、社区氛围、特色商品与技艺、民俗文化表达等），奠定了该地区"历史保护"与"综合开发"并重的空间特质；第二轮更新针对具体的环境问题实施了一系列持续的、渐进的小规模改进、管理和维护措施，进一步提升了考文特花园的公共空间环境品质，改善了历史建筑外观；第三轮更新则对历史遗产进行充分利用和包装（在不破坏物理特征的基础上），面向高端消费群体进行商业战略调整和新的开发，取得了显著的经济效益，但同时造成了一定程度的空间特征弱化和过度商业化。

考文特花园的三轮更新历程映射出城市空间遗产更新中普遍存在的价值冲突：前两轮更新中公共部门和慈善机构秉持以社会效益为主要目标的价值导向，这在很大程度上源于公众舆论压力；第三轮更新受"消费主义"驱动，以私人房地产商明确的经济目标为导向。由于历史遗产价值与商业吸引力之间的必然联系[40]，考文特花园在物质空间层面上得到了保护和改善。但从目前的成果来看，这种"保护"开始显得空洞和表面化。政府、民间机构、私人企业、居民及设计师，不同社会群体对城市空间遗产的态度、观念、更新方式及成果诉求莫衷一是，彼此矛盾[41]。这种价值冲突使城市空间遗产更新逐渐走向协作式的方法以及得到平衡的结果，最终创造出多元、包容的城市景观和人居环境。

注　释

① 1670 年查理二世（Charles Ⅱ）授予考文特花园市场经营许可证，允许市场在除周日和圣诞节以外的时间里进行商业活动。开篇文字即出自经营许可证书（资料来源：Britain Express 网站）。

② 恩格·琼斯（Inigo Jones, 1573—1652）是第一个将罗马古典建筑和意大利文艺复兴风格引入英国的人。他曾两次出访意大利，参观了威尼斯、佛罗伦萨、里窝那等城市经过设计的广场，并获得了一手的设计方法；琼斯还对帕拉迪奥（Andrea Palladio）的建筑进行了钻研，这两点直接影响到考文特花园的规划设计。除了考文特花园，琼斯还主持了旧圣保罗大教堂（Old St. Paul's Cathedral，圣保罗大教堂的前身）的修复，设计了"女王之家"（Queen's House）、白厅宴会厅（Banqueting House, Whitehall）等意义重大的建筑。琼斯被公认为是"英国建筑之父"（资料来源：维基百科"Inigo_Jones"词条介绍）。

③ 资料来源：Nickel in the Machine 网站新闻"The GLC and How They Nearly Destroyed Covent Garden"。

④ 建筑师吉姆·莫纳汉（Jim Monahan）当时是伯德福广场建筑协会（Architectural Association in Bedford Square）的学生会员。他全身心地投入到考文特花园的规划议程中，包括组织青年建筑师群体挨家挨户敲门宣传保护运动、争取名人的支持，甚至蹲守在考文特花园的建筑物里，以使这些建筑免受拆迁（资料来源：参考资料[12]）。

⑤ 根据英国税法，注册慈善机构可获得一定的税收减免，其中用于慈善目的的收入无须缴税（资料来源：英国政府官方网站）。

⑥ CGAT 与租客之间的矛盾将交由英格兰和威尔士慈善委员会（CharityCommission for England and Wales）裁决，从而避免申请法院仲裁，这种便利对租户具有一定吸引力。

⑦ 英国 1987 年城乡规划法令（使用类）[Town and Country Planning (Use Classes) Order 1987] 中对建筑物和土地使用类别作出四种分类，分别为 A 类（商业和服务业）、B 类（商务和工业）、C 类（酒店、住宿机构、住宅等）、D 类（非住宿机构、休闲娱乐业等）。每个大类下又分若干小类。连锁品牌与服务于专业市场的独立品牌都属于 A1 类商店，因此在规划层面上难以进行控制。另外，根据该法令，同类别中的用途变更无须申请规划许可。CGAT 可以协助规划当局更加精准地监控该地区的商业投资。

⑧ 资料来源：Covent Garden Area Trust 官方网站"Who Owns Covent Garden？"。

⑨ 资料来源：Capco 官方网站"Covent Garden"介绍。

⑩ 资料来源：Healthy London 网站"In Focus:Healthy London Partnership"。

参考文献

[1] Duggan D. "London the Ring, Covent Garden the Jewell of That Ring": New Light on Covent Garden[J]. Architectural History, 2000, 43: 140-161.

[2] City of Westminster. Covent Garden Action Plan: Working for the Future of Covent Garden[R]. London: Westminster City Council, 2004.

[3] Atinks. Caring for Covent Garden: A Conservation and Management Guide[R]. London: CGAT, 2004.

[4] 段晓桢，陈可石. 城市夜生活街区的文化场所营造——以伦敦考文特花园为例[J]. 城市发展研究，2016，23(2)：46-51.

[5] CGAT. Brief History of Covent Garden[EO/BL]. coventgardentrust.org.uk 网站.

[6] Gouglas, S. Produce and Protection: Covent Garden Market, the Socio-economic Elite, and the Downtown Core in London, Ontario, 1843-1915[J]. Urban History Review, 1996, 25(1): 3-18.

[7] 周洋. 英国城市遗产保护[D]. 杭州：杭州师范大学，2015.

[8] 周洋. 英国考文特花园市场——城市遗产保护与城市再发展[J]. 品牌，2014(11)：22-24.

[9] 同参考文献[7]。

[10] Schorske, C.E. Fin-de-siècle Vienna: Politics and Culture[M]. NewYork: Vintage, 2012.

[11] Christie, I. Covent Garden: Approaches to Urban Renewal[J]. Town Planning Review, 1974, 45(1): 31.

[12] Bransford, A. The Development Battle: The Community's Struggle to Save Covent Garden[EO/BL]. http://www.coventgardenmemories.org.uk/page_id__37.aspx, 2019-04-06.

[13] 同参考文献 [12].

[14] Cullingworth, B. Nadin, V. Town and Country Planning in the UK[M]. London: Routledge, 2006.

[15] 朱晓明 . 当代英国建筑遗产保护 [M]. 上海：同济大学出版社，2007.

[16] City of Westminster, Department Planning & City Development. Covent Garden Conservation Area[R]. London: Westminster City Council, 2004.

[17] Great London Council, Covent Garden Committee. Covent Garden Area Plan[R]. London: GLC, 1978.

[18] Thorne, R. Covent Garden Market: Its History and Restoration[M]. London: Architectural Press, 1980.

[19] Brottman, M. "The Last Stop of Desire" Covent Garden and the Spatial Text of Consumerism[J]. Consumption, Markets and Culture, 1997, 1(1): 45-79.

[20] 同参考文献 [17].

[21] 同参考文献 [15].

[22] 同参考文献 [17].

[23] 阿德里安·福蒂，许亦农 . 伦敦：私人的城市，公共的城市 [J]. 世界建筑，2002(6): 18-23.

[24] Holland，G.R. Talk on Covent Garden Area Trust[EB/OL]. http://www.coventgardentrust.org.uk/resources/speech/, 2019-04-01.

[25] 同参考文献 [7].

[26] Cooper, R，O'Donovan, T，Covent Garden: A Model for Protection of Special Character?[J]. Journal of Planning and Environment Law, 1998: 1110-1120.

[27] CGAT. Environmental Study of Central Covent Garden[EO/BL]. http://www.coventgardentrust.org.uk/resources/environmentalstudy/management/streetaudit/, 2019-04-06.

[28] 同参考文献 [3].

[29] Atinks. The Continuing Covent Garden Renaissance[R]. London: CGAT, 2008.

[30] City of Westminster, Department Planning & City Development. Guidelines for the Placement of Tables and Chairs in Covent Garden Piazza[R]. London: Westminster City Council, 2005.

[31] 同参考文献 [29].

[32] London Transport Museum. London's Journey: Past, Present and Future-Yearbook 2008/09[R]. London: Mayor of London, 2009.

[33] Capco. Shopping, Dining, Culture, History[R]. London: Capco, 2019.

[34] Capco. Annual Report & Accounts 2018[R]. London: Capco, 2019.

[35] London Geographies. Covent Garden As a Palimpsest [EO/BL]. https://londongeographies.com/tourism/covent-garden-as-a-palimpsest, 2019-04-06.

[36] Capco. Covent Garden:Maps, Facts, Figures & Pictures[R]. London: Capco, 2014.

[37] 同参考文献 [33].

[38] 同参考文献 [35].

[39] Mayor of London. Central Activities Zone SPG[R]. London: GLC, 2016.

[40] Britton，S. Tourism, Capital and Place: Towards A Critical Geography of Tourism[J]. Environment and Planning D: Society and Space, 1991, 9(4): 451-478.

[41] 李将 . 城市历史遗产保护的文化变迁与价值冲突 [D]. 上海：同济大学，2006.

图片来源

图 7.1: Covent Garden 官方网站。

图 7.2: 作者根据参考文献 [2] 绘制，底图来自 Google Maps。

图 7.3: Mapco 网站。

图 7.4: 左：Museum of London 官方网站，右：Google Maps。

图 7.5: Spitalfields Life 网站。

图 7.6: 参考文献 [12]。

图 7.7: 参考文献 [3]。

图 7.8: Londonist 网站。

图 7.9: Street Sensation 网站。

图 7.10: Storyblocks Video 网站。

图 7.11: Deviant Art 网站。

图 7.12: 参考文献 [3]。

图 7.13: 参考文献 [3]。

图 7.14: KPF 官方网站。

图 7.15: KPF 官方网站。

图 7.16: KPF 官方网站。

图 7.17: Drapers 网站。

图 7.18: Capital & County Properties PLC Annual Results 2017。

第8章
历程与争论——利物浦滨水区更新回顾

"它是英国影响力遍及世界之时商业港口的最佳典范。"

这是世界遗产名录（World Heritage List）中对利物浦滨水区的描述，显示出利物浦作为港口和作为城市的全球重要性。滨水区更新（waterfront regeneration）现已成为后工业港口城市再生的主要方式之一，是建筑师、规划师和城市管理者实践城市开发的主要"战场"[1]。滨水区与城市腹地的发展休戚相关，尤其对于英国这样的岛国而言，滨水区一般是港口城市的主要入口，其自身也最早成为城市中最有活力的贸易区。滨水区不仅在物质环境上，更在视觉上、功能上连接城市与水体。进入 20 世纪，滨水区更新成为英国城市复兴的催化剂而得到重视，全国范围内开展了广泛的滨水区更新实践，利物浦滨水区更新即是这一宏大进程中的典型一例。

8.1   利物浦滨水区更新背景

滨水区更新最早于 20 世纪 60 年代正式开始于美国波士顿、巴尔的摩等地，后于 20 世纪 70 年代至 80 年代在欧洲蓬勃发展[2]。美国巴尔的摩内港（Baltimore's Inner Harbor）更新最具有早期滨水区更新的代表性，其更新主要关注物质环境的复原及重建，混合发展居住、娱乐、商业零售、旅游及办公服务功能，成功扭转了巴尔的摩地区物质空间废弃、人口外迁的颓势，并形成了"巴尔的摩模式"被引荐到其他地区[3]。及至 20 世纪 80 年代，滨水区更新的样板开始转移到英国，该时期的实践是对巴尔的摩模式的"检验与传播"[4]。其中以伦敦道克兰码头区（London Docklands）更新为典型案例，它是英国当时"市场主导"（market-led）的城市开发政策的实践体现。但此类根源于巴尔的摩模式的滨水区更新，常会因对组织模式和空间类型的"复制"而导致城市的同质化倾向[5]，并因公共投资的缺乏导致一定程度的社会隔离及环境问题，因此受到相当多的批评。其后，受经济全球化及"城市竞争"思想的影响，英国的滨水区更新逐渐由伦敦向地方城市转移，例如卡迪夫、利物浦等城市[6]，成为塑造城市形象及城市品牌的有力手段。随着私人资本进入城市开发领域的力度不断加大，设计质量及社会公平成为此时期滨水区更新最突出的问题[7]。进入 21 世纪，滨水区更新研究更加关注环境、经济及社会的可持续性议题，即如何确保公私合作的均衡及其在土地利用方面的体现，以及如何确保公共部门对私人资本的有效利用与监管；更新政策也趋向鼓励文化及创意，私人资本成为滨水区更新的关键因素，并形成了以历史遗迹保护及再利用为核心的滨水区更新模式[8]。

英国在工业革命后遗产下大量的前工业用地（截至 21 世纪初，全英约有 6.6 万公顷的工业"棕地"[9]），同时因中央政府对城市开发侵占外围绿地的限制，"棕地"再利用被认为是遏制城市扩张及人口流失的"双

图8.1 利物浦滨水区更新范围区位关系

图8.2 利物浦滨水区更新阶段

赢政策"[10、11]。20世纪末，英国有超过60％的新开发项目位于此类前工业用地之上[12]，其中又以滨水区更新为主要开发类型，并借助美国经验及道克兰码头区更新经验，逐步建立起政策框架来支持滨水区更新。

　　利物浦位于英格兰西北部，是默西河（Mersey River）沿岸的重要港口城市，具有优越的地理位置：它直接面向爱尔兰海，跨过大西洋与都柏林、格拉斯哥等地相连；另一侧是依靠码头与铁路建设快速发展起来的腹地地区。港口贸易加速了利物浦的人口增长与城市化进程，到1931年，这里的人口数量达到高峰，总计约85.6万；利物浦建造了超过11公里的码头区域，成为继伦敦之后的英国第二大港口；此起彼伏的建设活动为利物浦留下了丰富的建筑遗产，这也成为之后城市更新中的重要考量因素[13]。其后，随着英国的产业转型及"去工业化"的影响，利物浦港口贸易不断衰落，人口持续减少至2006年的43.6万人[14]。20世纪60年代至70年代，当地政府寻求初步的城市复兴，但其以大面积的土地清理为导向的更新政策，使得传统社区解体，并破坏了原有的城市肌理，反而在很大程度上加剧了滨水区的衰落[15]。20世纪80年代后，英国政府启动了"1980地方政府行动"（Local Government Act 1980），旨在对默西河沿岸占地约350万平方米的码头区进行物质环境更新，这其中便包括利物浦滨水区。利物浦滨水区更新范围主要集中在默西河东岸的城市中心地段（图8.1）。更新进程大致分为三个阶段：前两个阶段侧重于对物质环境的改造，以政府投资或政府牵头的多方投资为主；第三个阶段侧重于对城市经济、文化、社会等非物质环境的改造，以私人资本主导的投资方式为主。其间共完成六个主体项目，时间跨度三十余年，总占地面积超过180公顷[16]（图8.2）。

8.2　三个更新阶段

8.2.1　自上而下的滨水区物质环境改造（1980—1999年）

　　利物浦滨水区更新启动后，为更高效地实施更新计划并统筹多个地方政府间的不同意见，中央政府于1981年成立了默西塞德城市开发公司（Merseyside Development Corporation，MDC），作为单一决策机构来组织实施更新计划。MDC是英国最早成立的两个城市开发公司之一（另一家是伦敦道克兰城市开发公司），这家公司的成立是撒切尔政府1979年之后的城市开发相关措施的具体表现形式，这些措施包括成立城市开发公司（Urban Development Corporation，UDC）、建立企业开发区（enterprise zones）等[17]，其共同特点都是利用杠杆作用吸引私人资本进行城市开发，具有明显的"市场主导"色彩。MDC作为UDC的次级机构，同样具有以上特征，但因其代表政府牵头各方投资，并拥有规划申请的决策权，该阶段的利物浦滨水区更新仍然具有自上而下的行政主导特征。MDC运营期间以物质环境的更新为主要工作，同时承担四项任务，分别是重新利用废弃土地、鼓励贸易发展、创造有吸引力的环境、确保住宅和基础设施供应[18]。

　　1981年，MDC发布第一个官方文件《初始开发战略》（Initial Development Strategy），确立了滨水区用地的混合功能性质：55％为工业用地，40％为商业娱乐和住宅用地，5％保留为港口用地。1988年，MDC为回应市场对文化旅游产业的需求，提高了旅游文化用地比例并移除工业用地，确定了以休闲旅游及

图8.3　阿尔伯特码头现状照片

文化产业为导向的更新战略。这七年间，MDC先后启动了两个旗舰项目：国际园林节活动（International Garden Festival）和皇家阿尔伯特码头（以下简称阿尔伯特码头）改造（Royal Albert Dock Liverpool）。

　　阿尔伯特码头建成于1846年，是世界上第一个防火码头。第二次世界大战期间码头受到猛烈轰炸，英国历史建筑和古迹委员会于1952年将其列入一级保护名录（Grade I listed building）。其后，码头因不断衰落于1972年关闭。1983年，MDC成立阿尔伯特码头公司（Albert Dock Company），启动更新工作，围绕码头的历史遗产地位展开一系列改造与新建。首先，更新工作改善了码头区的物质环境，包括修复破败的码头系统、完善道路并重新建立与市中心的联系（图8.3）。之后，市政府将默西河海事博物馆（the Merseyside Maritime Museum，1986）迁入码头内，吸引泰特美术馆（TATE Liverpool，1988）进驻，建造披头士博物馆（the Beatles Story Museum，1990）等。这些项目一方面继续完善码头的物质形象，一方面将"文化旅游"项目作为对外吸引点引入场地[19]。整个更新计划于2003年结束，投资超过2 500万英镑[20]。现今，阿尔伯特码头已成为利物浦最受欢迎的旅游景点之一，年均吸引游客200万人[21]；此外，码头上的仓库及码头设施也是英国一级保护名录中最大的单体项目①。

8.2.2　城市竞争推动的滨水区形象打造（1999—2012年）

　　20世纪末以来，城市发展需要在全球化与自由市场的环境中经受考验，城市空间的内涵在很大程度上由"为本地人服务"转向"为外来的投资者、开发商、企业雇员及游客服务"，地方政府的"企业型管理"（entrepreneurial governance）也相应地逐渐成为城市更新的管理机制[22]。在这一模式下，"企业型政府"倾向于根据市场需求作出政策调整，城市开发的决策权力更多从中央下放至地方政府，并更高程度地吸纳各社会群体参与政府管理[23]。因此，城市开发的主体常由地方政府牵头的第三方机构担任，应用特定的策略吸引对本地的投资，同时保持对其他社会领域的服务[24]。1997年英国工党政府上台后，开始着力提升城市地位，鼓励城市竞争，城市的物质环境建设目标转向城市形象与场所塑造（image creation and place making）。建成环境的质量由过去经济发展的"副产品"转变成为当下吸引投资的"先决条件"之一，推动"城市设计"成为城市营销的物质操作手段[25]。1998年，英国政府成立"城市工作组"（Urban Task Force），出台城市开发研究文件《迈向城市复兴》（Towards an Urban Renaissance，1999），确定了建立在城市设计之上的城市开发策略，这一开发策略被认为是对企业型政府管理形式的明确认可[26]。

利物浦迅速回应这一浪潮，于1999年成立了英国第一个城市更新公司（Urban Regeneration Company）"利物浦愿景"（Liverpool Vision），指导利物浦市中心区及滨水区的物质环境更新。"利物浦愿景"旨在吸引公共与私人投资、促进公私合作进行城市更新。与MDC不同，"利物浦愿景"不具备规划决策的法定权力，该权力仍由地方政府执行，它则更多作为利物浦政府在牵头开发项目方面的"门户机构"，促成多方协作与共识[27]。"利物浦愿景"指定SOM为主要的城市设计公司，并于2000年颁布《更新战略框架》（Strategic Regeneration Framework，SRF），提出在保持对市场的灵活性的基础上完成物质更新工作，这成为利物浦之后城市更新的基础性政策，并指导形成了一系列城市设计总平面图及导则。文件提出更新目标是将利物浦

图8.4　2000年SRF划定的城市更新区域

建设为可与其他欧洲城市相匹敌的投资目的地和购物目的地，形成以零售及商务办公开发为导向的更新方向，并充分回应本地居民的需求，建立包容性的社区[28]。SRF确定利物浦市中心区为主体更新区域，并将部分滨水区纳入市中心区范围，将二者视为一个整体，重新建立其间的物质、经济及社会联系（图8.4）。为增强城市竞争力，SRF提出了可以指导之后更新工作的两项重点内容：一是对城市历史遗迹的保护，二是打造城市形象与标志性场所[29]。

基于SRF的指导，利物浦城市建设取得了两项较为显著的成就：

①利物浦市内部分区域在2004年被纳入"世界遗产名录"（World

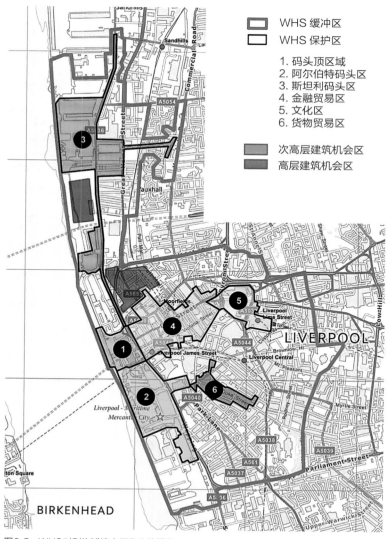

图8.5 WHS对利物浦滨水区作出的规定

Heritage Site，WHS）。WHS设定了特征区域（Character Area），共包含六个地块，主要沿着滨水岸线展开，外围缓冲区域（Buffer Zone）则包含整个城市中心区；名录还对不同地段的新建建筑高度作出了规定，对此范围内的新开发项目进行一定限制（图8.5）[30]。一方面，大家公认WHS是保护遗迹的有效手段；另一方面，利物浦政府也期望借助这一国际荣誉进一步提升城市的对外形象。

②利物浦获得了2008年"欧洲文化之都"（European Capital of Culture，ECOC 2008）的称号。这一奖项旨在通过举办节庆活动，对外联结欧洲文化，对内促进城市复兴。利物浦政府将ECOC的活动举办与滨水区物质环境更新相结合，单2008年一年就吸引了9 700万游客进入城市，并完成了约7.53亿英镑的经济创收②。

这一时期滨水区更新主要完成了三个主体项目，分别是天堂街发展计划"利物浦一号"（Paradise Street Development Area "Liverpool One"）、国王滨水区改造（Kings Waterfront）以及码头顶更新（Pier Head）[31]。其中，"利物浦一号"项目以13.1万平方米的零售面积，成为欧洲最大的购物综合体；国王滨水区改造以提供酒店、休闲设施为主；码头顶更新以提供文化、旅游设施为主[32]，最具滨水区形象改造的典型性（图8.6）。

码头顶全部位于WHS保护区内，是利物浦滨水区最重要的码头之一，因其三座爱德华时代的地标建筑"三女神"（Three Graces）而闻名。更新计划占地2.5公顷，主体工程包括利物浦博物馆（The Museum of Liverpool）、曼岛开发计划（Mann Island Development）以及公共区域和运河景观改造（图8.7）。更新计划将码头顶南部分为两部分，西侧以利物浦博物馆为中心，东侧以曼岛开发为中心。博物馆项目充分尊重周边历史建筑与滨水环境，一是造型处理简单直接，外立面采用起伏的玻璃，反射出"三女神"的造型，

图8.6　码头顶区域现状照片

1. "三女神"
2. 公共区域和运河景观改造
3. 利物浦博物馆
4 曼岛开发计划

图8.7 码头顶区域中的"三女神"及三个主体工程

图8.8 从利物浦博物馆内望向"三女神"（上）；利物浦博物馆外观（下）

图8.9　曼岛开发计划的三处"转换"空间

同时允许馆内外进行视线渗透；二是建筑留出充足的室外场地，面对水域
设置观景踏步，保证了从阿尔伯特码头至"三女神"的良好视线，也为商
业及休闲等功能提供了场地（图8.8）。曼岛开发计划旨在建造混合用途场
地，修复被斯特兰德街（Strand Street）割裂的滨水区与市中心区的肌理
及视线连接。项目规划了三处"转换"公共空间：第一处是朝向市中心的
街头广场，作为码头顶区域面对市中心的"开口"，视线由此可以达到整
个码头更新区；第二处是两个住宅街区体块之间及其下架空部分，面向运
河坝，可用作临时展览场地；第三处由两个街区和运河坝围合形成，是市
民的主要休闲活动场地（图8.9）。场地上建筑外立面全部采用黑色釉面玻
璃，与周围历史建筑形成强烈对比，同时也诚实地反映出它们的倒影（图
8.10）。北部区域，紧邻"三女神"西侧的是占地1.6公顷的公共区域和运
河景观改造场地。AECOM制定的总图中设计了新的运河码头，大部分航
道从新建区域下通过，河道被公共场地分隔成两个大型露天水池；上部广
场逐渐"折叠"又展开延伸至河边，巧妙地解决了运河水面要低于地面几
米这一问题；行人可以无障碍通过运河区域，到达岸边（图8.11）[33]。更
新改造提高了这一区域的公共可达性，使之成为新的游览目的地。

图8.10　曼岛开发计划的建筑外立面采用黑色釉面玻璃

图8.11　"折叠"后延伸展开的运河景观改造场地，图中水池为低于地平面的运河通道

8.2.3　私人投资主导的滨水商务区建设（2012年至今）

　　进入经济全球化时代以来，资本流动更加自由，城市发展主题更显著地转移至经济发展，吸引投资和创造工作岗位也成为利物浦发展的主要任务[34]。"利物浦愿景"继续作为组织利物浦城市更新的主要机构，于2012年发布了《战略投资框架》（Strategic Investment Framework，SIF），用于指导其后15年的城市建设。该文件延续了上一版SRF对市中心区更新的重点关注，划定了文化、创意、商务等七个机遇区，并单独将滨水区作为一个机遇区来制定发展框架（图8.12）。此版投资框架更加注重经济发展及城市竞争力的提高，确定了商业与商务服务、生命科学、创意与电子产业、文化与旅游经济四个更新主题，旨在以非物质内容的建设吸引更多投资[35]。

　　虽然SIF提出今后一段时间内的更新主题是非物质内容建设，但仍将建成环境的基础性更新作为前提，使其得到重视。SIF将滨水区的建设划分为三项内容：重塑滨水区形象以吸引大量游客、居民及商务人士；改善交通系统以增强滨水区内部及其与城市其他区域的联系；置入市民活动以增强滨水区的独特性。每一项内容均以具体项目的建设或节庆活动的举办来推进（表8.1），包括国王码头、街道系统（Great Streets）、利物浦水岸（Liverpool Waters）、默西河庆典（Mersey River Festival）等项目及活动。这些项目被置于不同主题的机遇区单独发展，而不是处于一个整合的确定发展框架中。项目主要由私人投资主导，对市场需求保留较高的灵活性；同时，项目普遍更新体量巨大、更新时间长[36]，具有巨型项目（mega-project）的特征。

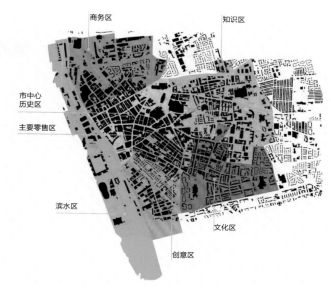

图8.12　2012年SIF中划定的七个机遇区

表8.1　SIF确定的滨水区建设三项内容及其各自具体项目

	具体项目 / 节庆活动	具体内容 / 目的
重塑滨水区形象	国王码头	展览中心、酒店等功能的混合用途开发
	国际移民节	位于滨水区的节庆活动
	体育休闲目的地	位于滨水区的综合体育活动目的地
	HM 大街与消费建筑再开发	位于皇后码头重要建筑的再开发
	"三女神"及阿尔伯特码头	WHS 场地内重要空置历史建筑新功能的置入
	利物浦水岸	建设完成王子码头及爱德华区
	利物浦游轮终点站	位于王子码头内，以水上巴士、游轮等水上娱乐项目为主
改善交通系统	利物浦水岸内路径	今后 40 年在利物浦水岸项目范围内建成高品质步行及自行车路径
	坎宁旱码头人行桥	提升码头顶区域及阿尔伯特码头步行体验
	利物浦展览馆及利物浦博物馆间路径	建设高品质步行及自行车路径
	游轮通行路径	联系重要游客集散区的游轮通行系统
	标牌导视系统	新增标牌、提升现有滨水区（尤其是码头顶区域）标牌
	滨水区物质连接	建设"街道系统"（尤其是"三女神"周边）以增强滨水区与市中心区的联系
置入市民活动	水上活动	水上巴士、乘船游览等活动
	点亮中轴线	"点亮城市"活动的一部分，主要场地位于滨水区
	滨水区系列节庆活动	每年举办具备国际标准的默西河庆典
	激活滨水区政策	《南码头滨水空间战略》

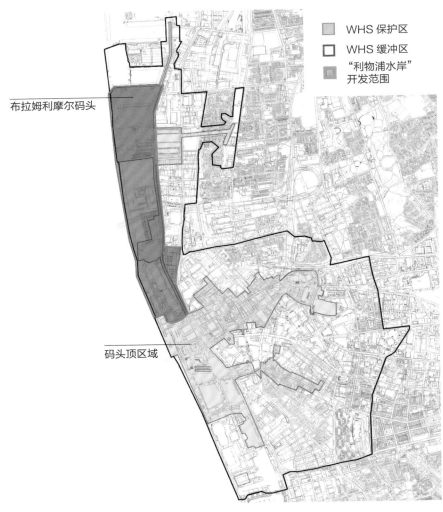

图8.13 "利物浦水岸"更新范围与WHS的区位关系

　　其中，"利物浦水岸"被SIF视为是对城市中央商务区的关键性扩充，是保证未来城市经济发展的重要项目。"利物浦水岸"项目由开发商PEEL于2007年启动，2010年确定具体开发内容并提出开发申请，2012年获得政府批准开始实施。项目位于利物浦北侧码头区，42%的面积处于WHS保护区内。开发场地从码头顶区域北侧开始，向北延伸至布拉姆利摩尔码头（Bramley Moore Dock），占地约60公顷，预计投资超过50亿英镑，时间跨度20~40年（图8.13）[37]。"利物浦水岸"确定高密度开发方案，主体为沿河岸展开的多层建筑群，其中插入两组高层建筑，最高建筑可达195米（图8.14）。更新计划将场地分为五个组团，分时段开发，预计建设9 000余个住宅单

图8.14　"利物浦水岸"手绘鸟瞰图（上）；"利物浦水岸"项目高层建筑建设位置示意图（下）

位，7万平方米的酒店与会议空间，约31.4万平方米的商务空间，以及一系列公共空间（图8.15）[38]。更新计划对不同功能的面积只规定了上限，开发商PEEL可根据市场需求随时进行调整。虽然SIF并未明确提出将开发重点转移至商务办公空间建设，但"利物浦水岸"项目对其设定的巨大容量及过高比例，已显示出此时期利物浦政府对建设商务型滨水区的野心，也一定程度上标志着利物浦滨水区由文化旅游目的地向商务聚集区的转变。

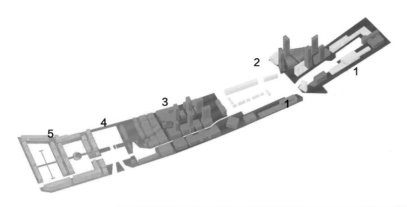

规划土地利用面积（公顷）	组团				
	王子码头	爱德华国王三角区	中央码头	克莱伦斯码头	北码头
居住	1 200 个单位	1 300 个单位	2 900 个单位	1 100 个单位	2 700 个单位
办公 / 商务	5.71	8.52	16.59	0.46	0.18
酒店 / 会议	1.49	—	3.53	0.28	—
集会 / 休闲	0.8	—	3.07	0.1	0.1
餐饮	0.76	0.04	1.19	0.52	0.22
酒吧	—	0.26	1.26	0.29	0.12
非食品 — 当地超市	—	0.09	0.87	0.57	0.4
社区	—		0.06	0.18	0.66
当地服务	—	0.48	0.26	0.1	0.03
食品 — 当地超市	0.01	0.1	0.42	0.15	0.1
停车	2.52	6.23	18.04	4.19	10.31
服务	0.47	0.36	1.75	0.45	0.58
游轮码头 / 其他	—	—	1.66	—	0.1

图8.15 "利物浦水岸"的五个开发阶段及各功能土地利用面积规划

8.3 争议与反思

8.3.1 历史遗迹保护与城市更新开发

经济全球化背景下，历史遗迹逐渐商品化，它们利用自身功能的置换（尤其以文化及商业功能为主），充当了塑造城市品牌、吸引游客的重要因素[39]。利物浦城市更新进程伊始，它的历史遗迹就面对以下主要挑战：在保护的基础上重新定义可识别性和场所感，重新建立不同性格的历史区与新建区之间的整体性，以及在选址、规模与建筑设计方面制定调和更新与保护的政策[40]。利物浦滨水区更新在MDC时期启动了一系列历史遗产保护行动，成功将阿尔伯特码头打造成以历史为主题的标志性场所，并在之后的城市更新中奠定了历史与文化旅游的概念。"利物浦愿景"时期成功确定了WHS的地位，此后，联合国教科文组织（UNESCO）开始督促地方政府"慎重考虑其后新开发项目对世界建筑遗产的影响"，要求提供指导今后开发的"城镇整体战略及沿默西河岸的天际线设计政策"[41]。应UNESCO的要求，利物浦政府于2004年出台了针对WHS范围内的高层建筑的开发政策（tall building policy），对高层建筑选址及其高度等级作出讨论与规定。现阶段的"利物浦水岸"项目为回应这些政策要求，也提出了历史遗产导向（heritage-led）的开发理念[42]。但城市更新必然带来物质环境的改变，且强调历史遗迹的保护与经济全球化背景下以开发为导向的理念时常存在矛盾，因此引发了一系列关于保护与开发的争议。

　　首先，相比于UNESCO对此项目抱有的极大信心，大部分本地居民实则并不知道WHS的存在，游客们也不会因为WHS而专门前来，因此许多人对它为利物浦带来的经济价值存疑。其次，在成为WHS之前，利物浦绝大部分滨水区已被地方政府规划为历史保护区，区域内有保留价值的建筑也已被列入国家建筑保护名录；而UNESCO对WHS及其缓冲区设立了额外的规划指导，这是否意味着UNESCO很大程度上插手了地区建设，损害了地方发展的自主权[43]？最后，因WHS的存在，新建项目需要面对更多的开发限制（图8.16）。例如，利物浦政府于2009年出台补充性规划文件，对视线控制、道路等级、公共空间、建筑风格等方面作出更具体的规定，强调在此区域建设高层建筑不符合城市的原有肌理特征，并与关键历史建筑"三女神"的形象相冲突。这一举动一方面显示出当地政府长久以来对保存当地特征的重视，但另一方面也意味着投资商在协调新旧建筑时需要投入更多成本。这是否会拖慢资本进入城市的步伐，成为利物浦未来发展的一大阻碍[44]？"利物浦水岸"项目的建设在物质层面彰显了这一冲突，争议主要集中在两组高层建筑上：一些专家认为，这两组高层建筑会打破利物浦滨水区沿岸舒展的水平形态，破坏码头顶在滨水区的标志性历史形象，北侧的一组高层建筑还会分割WHS场地，阻挡观赏滨水区的关键视线。[45]但是从一些视角看，"利物浦水岸"项目对利物浦滨水区乃至城市整体形象的塑造作用还是十分明显的（图8.17）。

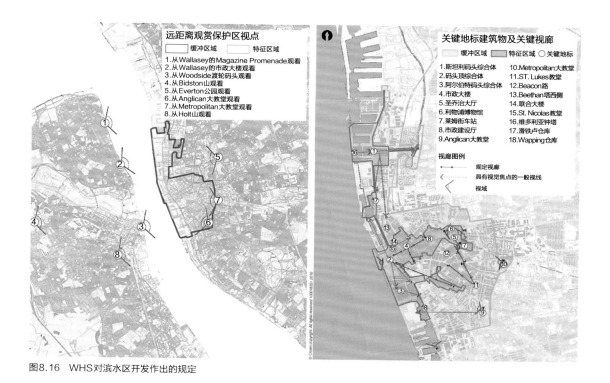

图8.16　WHS对滨水区开发作出的规定

图8.17　利物浦滨水区沿岸现状照片

8.3.2　市场投资与政府监管

利物浦滨水区三个阶段的开发主体分别为MDC、"利物浦愿景"和PEEL。三者的变化代表着投资主体从政府到企业的转变。MDC被认为创造了一个稳定的政治环境以吸引投资，其公共监管的性质一定程度上减弱了私人资本盲目追求利益、不顾社会效益的潜在风险。但默西塞德城市开发公司下辖的三个地方政府[利物浦市、塞夫顿都会自治市（Metropolitan Borough of Sefton）、威勒尔都会自治市（Metropolitan Borough of Wirral）]对MDC却不够认可，认为其加剧了权利的集中倾向。利物浦政府也强调在给定相同的权力与资源的情况下，地方政府也可完成MDC的工作[46]。此外，过高比例的公共投资在创造经济效益方面显得乏力，截至1988年，MDC完成的公共投资为1.6亿英镑，私人投资为1 300万英镑（未来有望增加到3 500万英镑）；同时期伦敦道克兰码头更新公司完成的公、私投资比为1:6，总计超过20亿英镑，前者数据远远低于后者。此外，更新项目的长期发展也未能得到保证，国际园林节的举办只回收了总投入的20％，且之后地方政府拒绝支付高昂的维护费用，导致园林节场地因经营不善最终关闭。MDC在创造就业岗位方面也显示出不足：1988年时约有1 500人在更新区域内工作，这一数值只与MDC成立前的数量相当。[47]

MDC之后的"利物浦愿景"被认为是指导更新和整合公私投资的关键因素。但中央政府在城市设计思想的指导下，更多地将建成环境视为一种经济资产[48]，"利物浦愿景"则需要在无法定权力的情况下平衡投资者与本地居民的利益，反而凸显了第三方机构在规划决策过程中的尴尬地位。

"利物浦水岸"项目完全由私人进行投资，开发商PEEL并非一个公司，而是一系列独立公司组成的财团。外界普遍认可它对于项目顺利实施的意义：首先，PEEL资本实力雄厚，可以保证这一巨大工程的资金供应；其次，作为私人投资组织，PEEL可以最大限度地保证资金的有效利用，加速更新进程；最后，"利物浦水岸"作为PEEL未来50年开发计划"大西洋之门"（Atlantic Gateway）③的主要部分，可以为利物浦带来世界各地的资本。对PEEL的质疑则在于，PEEL在没有政府开发限制的时候买下废弃土地，确立更新计划，再向政府提请批准[49]。由于这一过程缺少政府的先期规划与监管，PEEL 作为开发商对城市及公共利益的承诺没有得到明确的限定。

除此之外，政府监管与私人投资各自的利弊还体现在社区建设上。对于以 MDC 为代表的城市开发公司来说，其主要工作之一是让创造的财富最终回流至本地社区建设中去。但是，由私人资本主导的城市更新在多大程度上惠及了本地社区仍然存疑。利物浦滨水区更新的社区矛盾最早并不激烈，因为区域内原功能大部分为非居住功能，滨水区在物质环境、文化及政治环境上均与城市其他区域隔离，存在利益冲突的群体较少[50]。但随着更新进程的推进，社会不公这一问题逐渐显现：当初决定对阿尔伯特码头进行更新时，地方政府准备的是一份"社区融合型"（community-integrated）方案，旨在重新连接滨水区与市中心区，分流城市的住房压力。但中央政府更倾向于回应市场需求（demand-led）的开发方案，以吸引新类型经济产业并建设更多商品住宅。最终阿尔伯特码头上建成的住宅多面向双职工、较高收入家庭，大部分公共空间也被酒店、餐饮、办公及其他类型的消费场所占据，本地居民使用率低，也未能解决城市的住房危机问题④。MDC时期之后，利物浦滨水区开发的明显特征之一是缺乏公共投资，较高程度的私人投资加速了更新进度，但也破坏了滨水区的用地性质平衡，过多的商业 – 旅游功能挤占了居住功能，带来了绅士化倾向[51]。调查显示，国王滨水区改造之后，到达这里的人群中有约 70% 以休闲娱乐为目的，只有少于 10% 的人群愿意居住在这里。虽然建造的可支付住宅比例超过 40%，但针对的主要人群是年轻的从业者，能够吸引的居民类型十分有限，不利于社区融合发展，因此这里的住宅开发在某种层面上是失败的[52]。

8.4　本章小结

回顾利物浦滨水区更新三十余年的历程，发现它在组织模式、物质成果及城市身份方面均取得一定成果，并具有各自特征。MDC时期体现出自上而下的行政特征，以公共投资为主。"利物浦愿景"是典型的"企业型管理"模式机构，主要作用在于推动公私合作，其行政主导的色彩较 MDC 减弱。最后一个阶段，滨水区更新的政策制定工作仍由"利物浦愿景"协同地方政府完成，但项目的开发主体多为私人开发商，以获取利润回报作为主要导向，对土地的利用偏向商务办公等高回报空间类型，较难在缺乏监管的情况下顾及当地社区利益。物质成果方面，阿尔伯特码头改造对外传播了利物浦的城市特质，码头顶更新已初步显现出将滨水区打造为商务办公聚集区的倾向，其后的"利物浦水岸"项目则希望借助巨大的商务容量、鲜明的建筑高度及显赫的地理位置来保证城市未来的经济发展。

利物浦滨水区的更新至今仍在继续，当前滨水区的更新成果引发了许多争议，滨水区今后的更新进程也需面对诸多挑战。现今的利物浦滨水区将目光对准未来，着力打造一个全球化的"城市品牌"，我们也期待利物浦滨水区更新能创造出一个物质环境更完美、社会结果更公平、社会共识更一致的未来。

注　释

① 资料来源：维基百科"The Royal Albert Dock Liverpool"词条介绍。

② 资料来源：The Guardian 网络新闻。

③ "大西洋之门"是由英国最大的开发集团 PEEL 领导的英格兰西北地区更新战略，预计耗时 50 年，总投资超过 500 亿英镑，是英国历史上最大、最昂贵的开发项目。这一战略开发地带覆盖柴郡（Cheshire）、大曼彻斯特地区（Greater Manchester）和利物浦城市区域（Liverpool City Region），主要包括"利物浦水岸""威勒尔水岸（Wirral Waters）"等项目。

④ 资料来源：The Photo Ctiy 网站新闻。

参考文献

[1] Dovey, K. Fluid City: Transforming Melbourne's Urban Waterfront[M]. London: Routledge, 2004.

[2] Hoyle, B. Global And Local Change on the Port-City Waterfront[J]. Geographical Review, 2000(90): 395-417.

[3] Jones, A. Issues in Waterfront Regeneration: More Sobering Thoughts-A UK Perspective[J]. Planning Practice and Research, 1998(13): 433-442.

[4] Shaw, B. History at the Water's Edge. In: Marshall, R. Waterfronts in Post-industrial Cities[M]. London: Spon Press, 2001.

[5] 同参考文献 [3].

[6] Hoyle, B. The Port-city Interface: Trends, Problems and Examples[J]. Geoforum, 1989(20): 429-435.

[7] Jones, A. Regenerating Urban Waterfronts—Creating Better Futures—From Commercial and Leisure Market Places to Cultural Quarters and Innovation Districts[J]. Planning Practice & Research, 2017(32): 333-344.

[8] Mohamed M. Fageir Hussein. Urban Regeneration and the Transformation of the Urban Waterfront: A Case Study of Liverpool Waterfront Regeneration[M]. Nottingham: University of Nottingham, 2005.

[9] Maliene, V, Wignall, L, Malys, N. Brownfield Regeneration: Waterfront Site Developments in Liverpool and Cologne[J]. Journal of Environmental Engineering and Landscape Management, 2012(20): 5-16.

[10] Department of the Environment, Transport and the Regions. Our Towns and Cities—the Future—the Urban White Paper[R]. London: Stationery Office, 2000.

[11] Williams, K. and Dair, C. A Framework for Assessing the Sustainability of Brownfield Developments[J]. Journal of Environmental Planning and Management, 2007(50): 23-40.

[12] Williams, K. Sustainable Land Reuse: The Influence of Different Stakeholders in Achieving Sustainable Brownfield Developments in England[J]. Environment and Planning, 2006(38): 1345-1366.

[13] 同参考文献 [8].

[14] Rodwell, D. Urban Regeneration and the Management of Change[J]. Journal of Architectural Conservation, 2008(14): 83-106.

[15] Couch, C. City of Change and Challenge: Urban Planning and Regeneration in Liverpool[M]. Surry: Ashgate Publishing, 2003.

[16] 同参考文献 [8].

[17] Parkinson, M. Urban Regeneration And Development Corporations: Liverpool style[J]. Local Economy, 1988(3): 109-118.

[18] 同参考文献 [8].

[19] 严钧，申玲，李志军. 工业建筑遗产保护的英国经验——以利物浦阿尔伯特船坞为例 [J]. 世界建筑，2008(2): 116-119.

[20] 同参考文献 [8].

[21] 同参考文献 [17].

[22] Biddulph, M. Urban Design, Regeneration and The Entrepreneurial City[J]. Progress in Planning, 2011(76): 63-103.

[23] Tuna Taşan - Kok. Entrepreneurial Governance: Challenges Of Large-scale Property-led Urban Regeneration Projects[J]. Journal of Economic and Social Geography, 2010(101): 126-149.

[24] 同参考文献 [22].

[25] Gospodini, A. European Cities in Competition and the New "Uses" of Urban Design[J]. Journal of Urban Design, 2002(7): 59-73.

[26] 同参考文献 [8].

[27] 同参考文献 [22].

[28] Skidmore, Owings & Merrill LLP. Strategic Regeneration Framework[R]. Liverpool: Liverpool Vision, 2000.

[29] 同参考文献 [8].

[30] 同参考文献 [14].

[31] 同参考文献 [8].

[32] Liverpool Vision. Liverpool City Centre Strategic Investment Framework[R]. Liverpool: Liverpool Vision, 2012.

[33] 詹斯特，彭路. 英国利物浦码头顶公共区和运河通道景观改造 [J]. 风景园林，2009(2): 71-75.

[34] 同参考文献 [8].

[35] 同参考文献 [32].

[36] 同参考文献 [8].

[37] Peel Land and Property (Ports) Limited. Liverpool Waters: No.12 Princes Dock[R]. Liverpool: Liverpool Waters, 2017.

[38] Peel Land and Property (Ports) Limited. Liverpool Waters: Design & Access Statement[R]. Liverpool: Liverpool Waters, 2011.

[39]　同参考文献 [22].

[40]　同参考文献 [14].

[41]　同参考文献 [14].

[42]　同参考文献 [37].

[43]　同参考文献 [8].

[44]　同参考文献 [14].

[45]　同参考文献 [8].

[46]　同参考文献 [17].

[47]　同参考文献 [22].

[48]　同参考文献 [8].

[49]　同参考文献 [17].

[50]　Umut Pekin Timur. Urban Waterfront Regenerations[R/OL]. intechopen 网站 .

[51]　同参考文献 [11].

图片来源

图 8.1：BDP. Liverpool: Regeneration of a City Centre[R]. Manchester: BDP, 2009。

图 8.2：参考文献 [12]。

图 8.3：Royal Albert Dock Liverpool 网站图片。

图 8.4：参考文献 [31]。

图 8.5：Liverpool City Council. Liverpool Maritime Mercantile City: World Heritage Site Management Plan 2017–2024[R]. Liverpool: Liverpool City Council, 2017。

图 8.6：Peel Strategic Waters 网站图片。

图 8.7：作者绘制，底图来自 Google Maps。

图 8.8：上：拍摄者 Nathan Stazicker，维基百科"Museum of Liverpool"词条图片，下：3xn 网站图片。

图 8.9：作者绘制，底图来自 Google Maps。

图 8.10：Ion Development 网站图片。

图 8.11：3xn 网站图片。

图 8.12：参考文献 [31]。

图 8.13：左：Liverpool City Council. World Heritage Site Schemes List[R/OL]. liverpool.gov.uk 官网，右：参考文献 [36]。

图 8.14：Issuu 网站图片。

图 8.15：同图 8.14。

图 8.16：Liverpool City Council.Liverpool Maritime Mercantile City[R]. Liverpool: Liverpool City Council, 2009.

图 8.17：Peel Strategic Waters 网站图片。

表 8.1：参考文献 [31]。

第9章
从"煤炭大都市"到"首府卡迪夫"之一——卡迪夫中心区城市更新

"没有比研究卡迪夫的城市发展更为有趣的城市研究。"

英国历史学家马丁·汤顿（Martin Daunton）的上述总结[1]，体现出威尔士首府城市卡迪夫（Cardiff）的独特性与研究价值，它以其独有的城市特征及发展历程成为英国城市更新、可持续发展及城市区域政策（city-region）的典型研究案例。作为威尔士最早进入城镇化的城市，卡迪夫一直在威尔士地区保持着较高的城市发展水平，但同时也是受"去工业化"打击最为严重的威尔士城市。卡迪夫的发展是威尔士城市发展的高度概括与典型个例，它也因此最能凸显问题，并能够提供可借鉴的经验（图9.1）。

9.1 威尔士及卡迪夫城市更新概况

相比于英格兰，威尔士的产业基础薄弱，在经历了农业、工业、服务业的数次转型后，现今的威尔士在文化、创意产业及国际贸易等方面的发展仍显乏力；此外，威尔士的经济水平较英格兰落后，整体较为贫困，却也因此避免了类似于伦敦在就业、收入、住房等方面的巨大两极分化。相较而言，威尔士晚于英格兰启动城市更新。英格兰的第一波城市更新缘于第二次世界大战后的"去工业化"进程，以伦敦为首的核心城市启动了"棕地"利用、滨水区改造等更新计划；第二波城市更新缘于经济全球化进程对吸引资本、打造城市品牌的需求。而威尔士的城市更新则更多来自工业衰落后，城市自身振兴经济、恢复活力的内部发展需求。反映在更新目标方面，英格兰着重建设办公空间、发展文化产业、鼓励城市竞争，并着力保持伦敦作为"全球城市"在国际金融与贸易方面的优势；威尔士则更加强调内城复兴、住宅建设及城市的宜居性。

相比于英国其他的主要港口城市，卡迪夫的城镇化进程起步较晚。它于19世纪初才正式进入城镇化阶段，凭借以煤炭出口为主的工业贸易不断发展经济，人口随之增长、辖区边界也随之外延（图9.2），最终于1905年获得城市地位，1955年成为威尔士首府。但随着两次世界大战的爆发及全球范围内的经济转型，卡迪夫的煤炭出口及相关制造业于1914年起不断萎缩，最终于20世纪60年代陷入停滞，给经济发展带来重大打击，贫困、失业、内城衰败、环境恶化等问题随之而来。进入20世纪下半叶后，卡迪夫开始着手进行城市更新：20世纪60年代至80年代的更新范围主要集中在城市北部及城市中心区，以鼓励公私合作、发展零售业、吸引游客为主要内容；20世纪80年代后期至21世纪初的更新范围主要集中在卡迪夫海湾区，以改善环境、创造就业、重塑城市形象为主要内容；近年来，卡迪夫的城市更新则强调打造"区域级中心"，以建设交

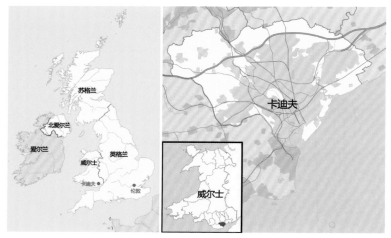

图9.1　卡迪夫市区位关系

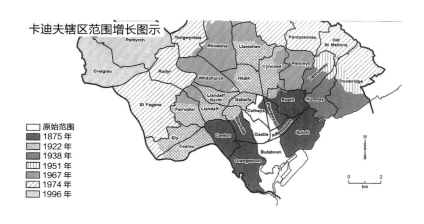

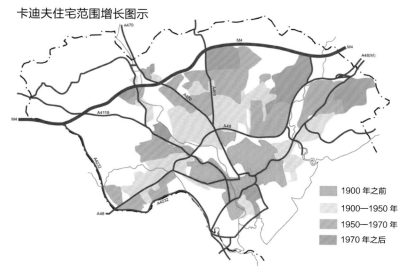

图9.2　卡迪夫辖区范围及住宅范围变化图示

通基础设施、创造办公空间、实现可持续发展为主要内容。中心区与海湾区更新在物质空间、目标定位、产业配置等方面相互牵涉，二者一方面共同推动城市发展，另一方面又形成了城市内部的区域竞争。目前，卡迪夫市人口为36.27万（2017年）[①]，在人口密度、居民收入、城市财政等方面均居于威尔士城市前列，是拉动整个威尔士经济发展的引擎。现今卡迪夫的城市发展目标指向宜居、可持续发展、提高城市竞争力。2016年发布的卡迪夫地方发展规划中明确提出：2020年之前，要将卡迪夫建设成为一个"世界级的欧洲首府城市、城市区域的核心城市，并显著提高市民生活质量"[2]。

9.2　卡迪夫中心区更新背景

卡迪夫市发源于现市中心区域的两个罗马教区，土地面积共计768公顷，全部为居住用地。该区域位于城市南部，向南通往海湾区，是承接滨水区经济与社会活动的城市腹地（图9.3）[3]。19世纪，卡迪夫进入快速城镇化时期，市民居住范围逐渐向城市外围延伸，核心地段的部分居住功能被码头区提供的工业活动置换；之后，港口贸易带动了城市对商务空间的需求，城市核心地段又逐渐从工业活动中脱离出来，形成以商务商业功能为主的城市中心区。20世纪初，卡迪夫码头区工业生产停滞、物质空间遭到废弃，中心区的商业贸易活动也随之暂停，内城活力下降[4]。同时，由于城市边界不断外延、人口持续外迁（20世纪末，市中心区居民只占全市人口的1.38%[5]），市中心区进一步衰败。这种产业转变导致的城市"去中心化"趋势，成为卡迪夫中心区更新的最紧迫原因。

卡迪夫中心区的更新计划始于1964年，在随后的半个世纪中，中心区的更新活动一直没有停止，但在不同时期呈现出不同的政策导向及更新特点。以下将按照五个时期对卡迪夫中心区更新进行详细介绍。

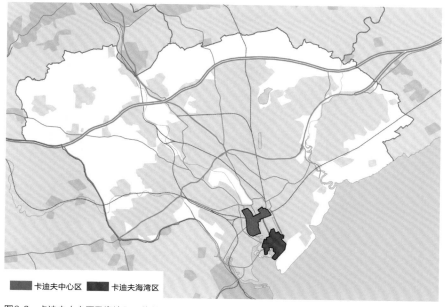

图9.3　卡迪夫中心区及海湾区区位关系

9.3　卡迪夫中心区更新的五个时期

9.3.1　"现代主义式"更新（1964—1975年）

　　卡迪夫市于1954年向英国中央政府提交了第一份发展规划，但因经济原因被搁置多年，后由柯林·布坎兰②团队（Colin Buchanan）重新设计，于1964年形成了第一份中心区规划方案。该方案偏重交通导向的土地利用规划方式（transport-driven land-use planning），主要考虑私人小汽车的通行，规划了数条高速公路，形成一个显著扩大的市中心区：北至Maindy体育中心、东至City/Crwys十字路口，南北两端设置多层停车场，方便人们停放轿车后步行进入中心区；中心区北侧规划为高层办公楼群，南侧为一处商业购物街区，方案将其中的车行道路改为步行道，整个街区再由城市环形道路围绕[6]。这一做法形成了路网宽大、分区明确的中心区整体面貌，但同时也在中心区内部形成了数个高速公路交叉口，连同纵横的车行道路严重割裂了中心区的交通、肌理与视觉联系，并会因此移除数以千计的私人房产，因而遭到强烈反对（图9.4）。最终，卡迪夫市政府只接受了方案中的部分公路规划与林荫道设计。

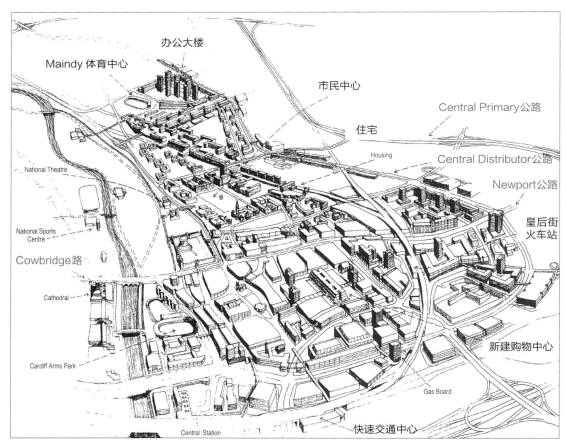

图9.4　1964年由柯林·布坎兰团队设计的卡迪夫中心区更新方案

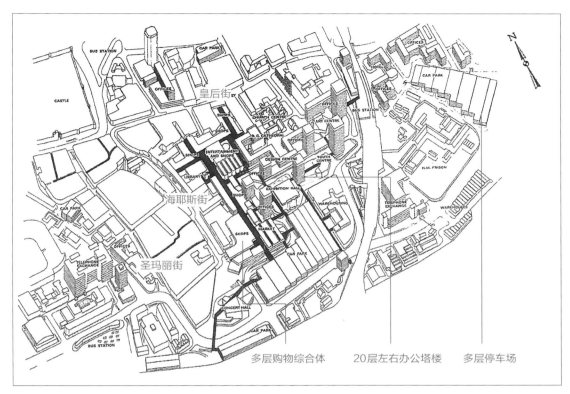

多层购物综合体　　20层左右办公塔楼　　多层停车场

图9.5　1970年卡迪夫中心区规划（Centre Plan 1970）

　　在上述工作基础上，卡迪夫市政府于1966年进一步提交了区域综合发展提案，并从中形成了1970年中心区规划（Centre Plan 1970）。该规划力推现代主义建筑风格，在多处设置了20层左右的办公塔楼、多层室内购物综合体以及多层停车场，并通过覆顶单层室内通廊连接三者，形成了现今中心区最主要的商业综合体圣戴维斯购物中心（St. David's Centre）的雏形（图9.5）。其他规划新建项目包括图书馆、教育中心、美术馆及少量办公楼。[7]

　　以上两版规划均采取拆除清理现有建筑、整体重新规划的现代主义更新方式，而对中心区的城市肌理及历史文脉保护不足。幸运的是，由于20世纪70年代的英国房地产市场衰退，除了部分项目以外，这一时期的规划并未得到全面实施。

9.3.2 "渐进式"更新（1975—1990年）

　　20世纪70年代英国经济的不景气迫使卡迪夫开始采取一种小范围、"渐进式"的更新方式（piecemeal redevelopment）。同时，20世纪70年代至80年代，英国保守党政府推行"放任主义"政策（hands-off policy），使全国各地的城市建设被房地产开发与经济利益所主导，卡迪夫也不例外。1975年，市政府对中心区五个可开发地块的建设项目进行公开招标，最终全部由私人开发商获得开发权[8]。其中最重要的是位于皇后街（Queen Street）以南和丘陵街（Hills Street）以北的地块，由开发商土地证券（Land Securi-

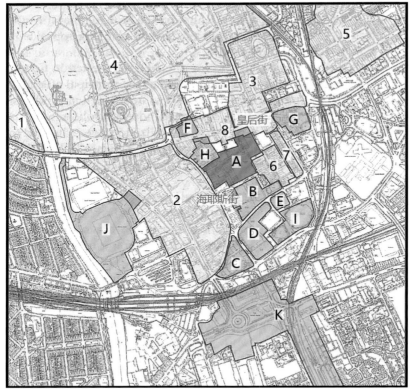

主要更新项目

A. 圣戴维斯中心：1979 年

B. 图书馆：1981 年

C. 酒店：1983 年

D. 溜冰场 / 零售业：1985 年

E. 停车场：1986 年

F. 皇后街西：1988 年

G. 首府中心：1990 年

H. 皇后街拱廊市场：1991 年

I. 展览中心 / 酒店：1993 年

J. 千禧球场：1999 年

K. 卡拉翰广场：2000 年至今

保护区域

1. 教堂路：1972 年

2. 圣玛丽街：1975 年

3. 温莎堡：1975 年

4. Cathays 公园：1978 年

5. Parade 区：1981 年

6. 查尔斯街：1988 年

7. 丘吉尔路：1991 年

8. 皇后街：1992 年

图9.6　1975年后卡迪夫中心区分时段开发项目

ties）获得开发权，并将其建设成为圣戴维斯购物中心（St. David's Centre），这一建筑有效地连接了历史街区皇后街与传统商贸街区海耶斯街（the Hayes），至今仍是卡迪夫最主要的购物街区。其他项目包括扩建牛津拱廊市场（Oxford Arcade）、新建 14 层高的假日酒店（Holiday Hotel）、新建世界贸易中心[World Trade Centre，后改名为卡迪夫国际体育馆（Cardiff International Arena）]等，这些项目均被谨慎地分片区、分时段开发（图9.6）。此外，这一时期的更新考虑了市中心区历史遗迹的旅游资源潜力，启动了相关的保护工作，包括将圣玛丽街（St. Mary Street）、温莎堡（Windsor Palace）、皇后街等纳入遗产保护名录，投入公共财政资金进行历史街区和房产的装饰翻修，以美化环境、吸引游客。

此时期的市中心区更新在一定程度上扭转了零售业及办公空间的外迁趋势，维持了市中心区的活力及"紧凑"形态。但更新期间也显示出缺乏规划统筹管控的情况：五个地块的建设项目均由私人开发商获得并主导，这些项目彼此之间空间关联性不强，最终的建设质量也并不完全令人满意。

9.3.3　"开发主导式"更新（1990—2007年）

1997年，在撒切尔政府"市场主导"的城市更新阶段后，英国工党政府上台，开始强调将城市设计作为城市复兴的重要"抓手"，鼓励城市竞争与城市品牌打造。卡迪夫的工党领导者因此制订了一套"振兴主义"

图9.7　千禧球场鸟瞰照片

的地方营销计划[9]，但同时也逐渐放弃了以传统规划方式来指导城市更新：1999年，卡迪夫当地政府对市规划部门进行重组，规划服务被分割为政策与经济发展、发展管控、战略规划与邻里更新这三个独立的职能，削弱了规划统筹管控的作用；2001年，卡迪夫中心区规划分部被关闭，更新进程中规划的作用进一步削弱[10]。

　　在此背景下，卡迪夫市政府积极吸引私人投资，着力发展巨型项目。1997年，市政府发布市中心区发展战略（the City-Centre Strategy），体现出明显的开发导向（development-led）及项目主导（project-by-project）的更新特征。1999年发布的市中心区居民生活战略（City-Centre Living Strategy）鼓励廉价住宅的建设，刺激了私人资本进入中心区居住建筑的开发领域，随后建造的一系列17~23层的高层住宅及高档公寓，改写了卡迪夫中心区的建筑高度及体量[11]。在这一时期，中心区的重要投资项目还包括更新卡拉翰广场（Callaghan Square，2002）、新建千禧球场（Millennium Stadium，1999）等（图9.7）。

　　卡迪夫的诸多大型商业项目中，以圣戴维斯购物中心二期（St. David's Two）的开发最具代表性。它是圣戴维斯一期的扩展项目，于2004年获得规划许可，2009年建设完成并开放营业。该项目的开发主体为圣戴维斯中心原开发商土地证券，市政府则拥有大部分的土地保有权，并期望通过租赁土地获得财政收入，以支付公共交通、公共空间的建设费用。二期项目占地16.4公顷，包含超过100个零售店面，可将卡迪夫市中心区的零售面积扩大28%，创造约4 500个就业岗位。除商业零售部分外，二期还包含建造在购物中心之上的304套公寓，包括从单间至两室的不同套型[12]。

　　二期项目拆除了20世纪70年代修建的牛津拱廊市场、卡迪夫中央图书馆、威尔士溜冰场等建筑，在整合用地后在原址上修建。新建成的圣戴维斯二期包括三个主要建筑物：由原址向南迁移数百米后重建的卡迪夫中央图书馆（Cardiff Central Library）、现代风格的约翰·刘易斯百货商店（John Lewis）、维多利亚式建筑海耶斯拱廊（Hayes Arcade）与大拱廊（Grand Arcade）组成的购物中心。该项目打造了一条与东西向的皇后街相媲美的南北向商业轴线，连接北侧圣戴维斯一期与南侧的百货商店、中央图书馆及雕塑广场，成为卡迪夫最大的购物综合体（图9.8）。二期项目对市中心区物质空间产生了积极影响：首先，它增强了中心区多处维多利亚拱廊市场的可达性与活力，唤起了卡迪夫中心区最早作为购物目的地的城市记忆。其次，它的建成推动了卡迪夫国际体育馆（Cardiff International Arena）的整修，为重新激活市中心东南区域的活力提供了可能，并面向海湾区打开入口，增强了中心区与海湾区的联通性。最后，它推动新建成一条位于千禧球场东侧、连接高街（High Street）与圣玛丽街（St. Mary Street）的公交线路，一方面为重塑南侧中央广场活力提供条件，另一方面使得公共交通在体育场举办活动时不受影响[13]（图9.9）。总体来说，二期项目在市中心区的公共空间、步行友好等方面均取得了一定成效，并将这些积极影响推动至相邻住区及海湾区。但一、二期整体尺度过大，原设计中购物中心上的住宅为3~7层，后因开发商的投资回报问题加高，被修建为6~9层，连同东侧的7层停车楼构成了一个庞然大物，与周边中小尺度的城市肌理显得格格不入（图9.10）。

　　总体而言，这一时期政府施行宽松的规划管理，以尽力吸引私人投资，由此促使卡迪夫中心区出现了一股开发热潮。

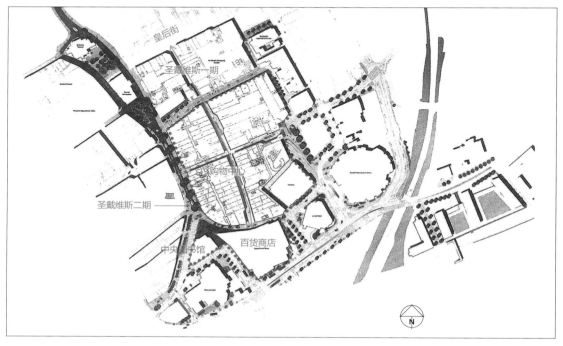

图9.8　圣戴维斯购物中心二期接地层平面图示

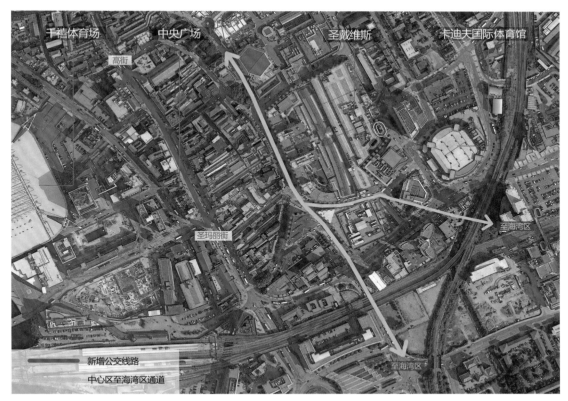

图9.9　圣戴维斯购物中心二期对周边交通关系的影响

图9.10　圣戴维斯购物中心二期的巨大体量与周边中小尺度的城市肌理显得格格不入

9.3.4 "规划先行式"更新（2007—2016年）

2007年，美国爆发次贷危机（the Credit Crunch），对包括英国在内的全球房地产市场造成严重打击，促使英国政府重新评估市场对城市开发造成的影响，再次强调规划政策对城市发展的调控作用。2004年，威尔士政权更迭，自由民主党接替工党组建新政府。新政府上台后开始重新强化规划管理体制，加强政府对城市开发的监管。在这一时期，中央及地方均出台了新的政策来保证规划的实施：英国议会于2004年通过新的《规划与强制购买法》（The Planning and Compulsory Purchase Act），修订与废止了原法案中的大部分内容，并引入了地方发展框架（Local Development Frameworks），要求所有的地方政府编制《地方发展规划》（Local Development Plan，LDP）以指导城市发展。同年，威尔士政府出台了《威尔士空间规划》（Wales Spatial Planning， WSP），并于2008年进行修订，用以对威尔士全域空间进行整合规划。

根据2004年法案的要求，卡迪夫市政府于2012年通过了《地方发展规划优先策略》（Local Development Plan：Preferred Strategy，LDPPS），奠定了制订城市范围总体规划的基础；后又于2016年通过最终版《地方发展规划》（Local Development Plan，LDP），这是在LDPPS基础上制订的卡迪夫2006—2026年详细城市总体规划，具有较全面的细节及较高的可操作性[14]。LDP在全市范围内划定了包括市中心区在内的八个战略发展区（图9.11），为这些区域制定了明确的规划总图、基础设施规划框架等图则，明确了规划先行的更新方式。

该文件明确将卡迪夫中心区定位为中心企业区（Central Enterprise Zone）及区域级交通枢纽（Regional Transport Hub），期望提供卡迪夫范围内最多的金融商务业就业机会，并充分发挥中心区邻近中央火车站及卡迪夫公交总站的地理位置优势，推动中心区成为城市及区域范围内的经济发展引擎。文件提出应分阶段进行基础设施开发，并通过规划许可制度保证实施。中心区关键基础设施包括（图9.12）：

①车行交通与高速公路建设，将现有卡拉翰广场（Callaghan Square）打造为集合火车、城际公交、快速公交、自行车网络的中央交通枢纽，实现高效换乘；完善市内现有公交网络，形成中心区与其他战略区及海湾区之间的公交优先线路。

②步行与自行车交通的完善，主要包括建设数条南北向穿越主要火车线路的步行与自行车道；新增一条贯穿中心区东西的自行车线路；提升中央公园内步行道及自行车道的道路状况，并由海湾区穿越中央公园向卡拉翰广场新建一条南北向的绿色步行通廊，加强中心区与海湾区的人行联系；新建自行车中央停放场地，作为中央交通枢纽基础设施的一部分服务大众。

③其他配套基础设施建设，包括学校的新建与整修、室外开敞空间的建造、社区室外活动设施的提供等[15]。

2016年版LDP划定的中心企业区范围内，只有南侧一小部分为居住用地，其他大部分均为混合或商务办公用地，卡迪夫中心区近期的开发项目也以商务办公大楼建设为主，包括卡拉翰广场更新、中央广场更新等。其中，卡拉翰广场作为中心区通向海湾区的重要入口，是区域内所剩的为数不多的荒地之一，其北侧已建成约1.6万平方米的办公空间，南侧待开发，规划建设完成后可提供约3万平方米的办公空间（图9.13）。

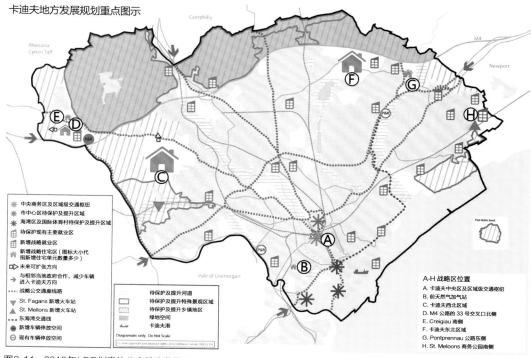

图9.11 2016年LDP划定的八个战略发展区

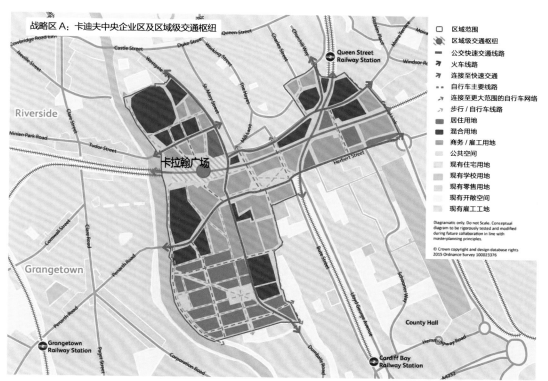

图9.12 卡迪夫中央企业区基础设施建设图示

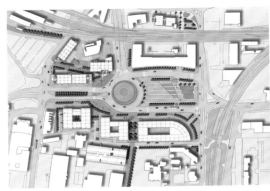

图9.13　卡拉翰广场总平面图（左）；北侧已建成办公楼（右）

　　总体而言，此时期的中心区更新依托一系列规划政策文件，更加关注交通可达性、产业配置平衡等问题，体现出卡迪夫政府从城市层面对中心区定位的考量，着重凸显中心区的商务聚集与交通聚集等区域优势。

9.3.5　区域重构、"快轨"与中央车站更新（2016年至今）

　　2016年版LDP明确提出要将卡迪夫中心区打造为区域级交通枢纽，这一目标的实现很大程度上倚赖于对区域内卡迪夫中央车站（Cardiff Central）的升级改造，以及对区域内外铁路、公路等基础设施的建设。早在2008年的修订版WSP中，威尔士政府对卡迪夫"区域级中心"地位的追求就已显现：该文件根据地理边界将威尔士划分为六个城市区域（City Region），确定各自的定位及发展目标，并由此形成了威尔士的城镇网络结构[16]（图9.14）。其中，卡迪夫所在的城市区域为"卡迪夫首府城市区域"（Cardiff Capital Region，CCR），共计人口160万[17]，包含卡迪夫、新港等10个地方政府辖区，是威尔士城市化程度最高、人口最密集的地区[18]（图9.15）。该区域以卡迪夫为核心城市，旨在"增强区域与英国及欧洲的联系，提高国际竞争力，推动威尔士整体繁荣发展"[19]。城市区域政策对经济发展的拉动作用主要体现在其具有的集聚效应（Agglomeration），较大的尺度与多样性能够降低经济发展所需的成本，从而提高收益[20]。威尔士政府基于这一空间组织模式发展空间规划，又同时鼓励了跨地区合作，有利于不同政府间的政策协作、信息与知识共享及成果共享[21]。

　　为更好地连接首府城市区域、拉动经济发展，卡迪夫商业合作组织（Cardiff Business Partnership）及威尔士事务协会（Institute of Welsh Affairs）于2011年提出建设南威尔士快轨（South Wales Metro）。"快轨"项目于2013年正式确立，以卡迪夫中央车站为核心枢纽，整合与发展东南威尔士范围内的铁路、轻轨及公交系统（图9.16）。2016年，为推进CCR政策的落实与发展，英国财政部、威尔士政府及CCR下属的10个地方政府共同签订了《卡迪夫首府城市区域合约》（Cardiff Capital Region City Deal），预期在20年的时间里由公共财政投资12亿英镑、新增2.5万个就业岗位、拉动40亿英镑的私人投资。合约具体内容包括交通基础设施建设、鼓励就业与技能培训、住宅建设等，其中又以"快轨"项目为最主要的基础设施建设内容[22]，并由此推动卡迪夫中心区开始新一轮的城市更新。

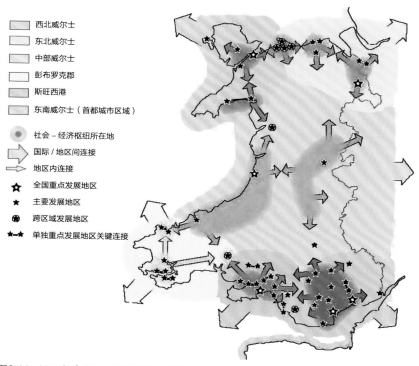

图例：
西北威尔士
东北威尔士
中部威尔士
彭布罗克郡
斯旺西港
东南威尔士（首都城市区域）

社会－经济枢纽所在地
国际／地区间连接
地区内连接
全国重点发展地区
主要发展地区
跨区域发展地区
单独重点发展地区关键连接

图9.14　2008年《威尔士空间规划》（WSP）划定的威尔士的六个城市区域

威尔士　　英格兰

1. 卡迪夫（Cardiff）
2. 新港（Newport）
3. 托法恩（Torfaen）
4. 蒙茅斯郡（Monmouthshire）
5. 梅瑟蒂德菲尔（Merthyr Tydfil）
6. 格拉摩根郡（Vale Glamorgan）
7. 朗达喀嫩塔夫（Rhondda Cynon Taf）
8. 卡菲力（Caerphilly）
9. 布莱耐格温特（Blaenau Gwent）
10. 布里真德（Bridgend）

图9.15　"卡迪夫首府城市区域"包含的10个地方政府辖区

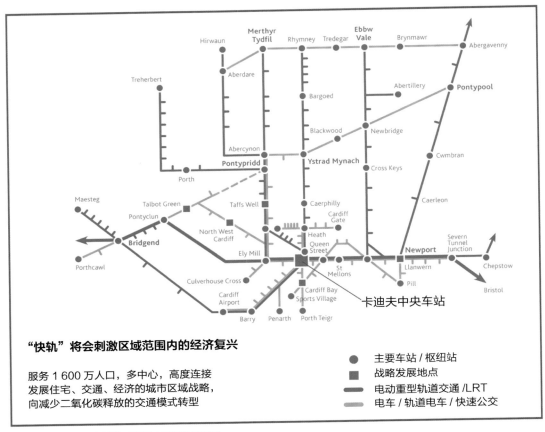

图9.16　南威尔士"快轨"项目站点及线路规划图

作为"快轨"项目顺利推进的前提条件与设施保障，卡迪夫中央车站于2011年宣布启动更新工作，于2015年开放南侧新建的入口大厅，又于2017年启用新增的8号站台，并于同年将原单向行驶轨道改为双向行驶轨道，以应对不断增长的乘客数量。中央广场（Central Square）位于中央车站北侧，被伍德街（Wood Street）分隔为南北两部分，是车站更新计划的重要组成部分。卡迪夫市于2015年首先对中央广场伍德街以南的部分进行更新，计划新建共9.3万平方米的办公、居住及零售空间。具体包括一座可容纳4 000人使用的政府办公大楼，以期分流海湾区的行政功能[③]；以及BBC威尔士总部办公大楼，建成后可提供约4万平方米的办公空间，并成为中心区的又一标志性建筑（图9.17）。2016年，CCR合约签署后，卡迪夫中央车站的运营压力不断上涨，预计截至2023年，往返卡迪夫的乘客数量将达到年均2 200万，是当前数量的两倍[④]。因此，卡迪夫市于2018年1月又确定启动新一轮的中央车站及中央广场更新，同时作为卡迪夫中心区下一阶段更新的重要组成部分[⑤]。此轮更新中对车站的改造预计投资达1.8亿英镑，其中4 000万英镑由CCR提供（这是CCR的第二大投资项目），包括新建连接卡迪夫湾的轻轨站点、扩建原0号站台、新建长途汽车专用站及一座可存放1 000辆自行车的车库[⑥]。此次更新对中央广场的改造主要集中在伍德街以北，计划拆除原圣戴维斯楼（St. David's House Building），新建三座出租用办公楼和一处公交换乘站[⑦]（图

图9.17 BBC威尔士总部效果图（左）及建设现状照片（右）

图9.18 中央广场伍德街以北区域更新效果图

9.18）。这一更新将会整合中央广场用地，使之更好地与中央车站形成肌理、功能及交通上的联系；更新地段作为中心区发展办公空间的重点地段，结合中央车站与卡拉翰广场的交通枢纽功能，可以达到吸引企业入驻、凸显区域优势的目的，为中心区未来的发展带来更多可能。

9.4 总体评价

卡迪夫中心区更新的五个时期具有清晰的演进脉络：20世纪60年代，现代主义规划思想盛行，此时期完成的规划文件《布坎兰报告》（Buchanan Report）奠定了此后卡迪夫规划政策制定的基本背景。20世纪70年代后期，为了扭转人口持续外迁趋势、创造更多就业岗位，卡迪夫城市发展策略由振兴制造业转变为发展服务业，在市中心区着重开发商业零售空间。同时，低迷的房产市场促使市政府出台了一系列小范围的土地规划文件，分片区地卖地给开发商，从而保证政府的土地财政收入。20世纪末，英国保守党政府推行"市场主导"的城市开发策略，规划的作用在全国范围内被一再削弱，卡迪夫地方规划部门也遭到拆解或废除，公私合作成为城市更新的主要方式。2007年次贷危机后，英国中央政府重新重视规划的统筹管控作用，卡迪夫政府也出台了一系列规划政策文件，再次确立了"规划先行"的城市更新方式。2016年后，市中心区的更新目标明确指向优化商务与交通枢纽功能，提升卡迪夫在区域乃至整个英国范围内的竞争力。

就各个时期的更新成果来说，因布坎兰方案与1970年中心区规划的失败，卡迪夫中心区较为紧凑的传统肌理得以保留。"渐进式"更新后期虽因政策环境而使规划逐渐失效，项目的设计质量未完全得到保证，但从长期来看，"渐进式"更新仍在就业与产业转型方面具有积极影响。20世纪90年代起实施的"开发主导式"中心区更新利用巨型项目更大力度地吸引私人投资，在历史遗迹保护、恢复中心区活力等方面较为成功，但是仍存在绅士化倾向明显、公共交通发展落后等问题[23]。2007年以后，中心区更新将公共交通与步行系统的建设提至首位，结合2016年确立的CCR合约，不断刺激着区域内基础设施的建设，推动中心区启动了新一轮的城市更新。但有学者提出，卡迪夫凭借其首府地位与资源号召力，容易在CCR的实施过程中加剧东南威尔士地区的"空间分级化"（spatial hierarchy），而非促进地区间的"多极合作"[24]。这一担忧让CCR中各地区政府对与卡迪夫政府的合作持一定的保守态度，为未来的威尔士区域整体发展增添了变数。

9.5　本章小结

经历了半个多世纪的更新后，卡迪夫实现了高比例的"棕地"再开发，建成了一系列世界闻名的标志性建筑，城市形象得到显著改善。如今卡迪夫辖区面积达到140平方公里，人口超过36万（2017年），且保持着南威尔士地区最高的人口增长率。就业方面，卡迪夫的工业就业率由20世纪80年代的20%以上降低为2016年的6.7%，服务业占所有类型产业的比例也已超过90%[8]；它是南威尔士地区最主要的就业提供地及通勤目的地，2017年共有约8.8万人进入卡迪夫工作[9]，且这一数字正在逐年增长；2017年进驻卡迪夫的外资企业数量达到415家，占所有企业数量的1.3%，外企就业人数达2.57万人，占所有就业人数的13.8%，二者均为南威尔士地区最高[26]。教育设施方面，卡迪夫拥有4所大学，其中包括全威尔士最高等级学府卡迪夫大学，卡迪夫也被威尔士政府寄予成为"创新及高附加值知识产业聚集地"[27]的期望。不难看出，不间断的中心区更新推动卡迪夫实现了积极的城市转型，它与海湾区等其他地区之间不断加强的协同发展，也使卡迪夫面向未来拥抱着更多的发展可能。

注　释

① 资料来源：维基百科"Cardiff"词条介绍。

② 柯林·布坎兰（Colin Buchanan，1907—2001），苏格兰规划师。他于1963年发表研究文件《城镇交通》（Traffic in Towns），全面阐述了英国城市私人轿车增长情况及相关城市发展问题，使其成为当时英国最著名的规划师之一。

③ 资料来源：BBC网站新闻。

④ 资料来源：WalesOnline网站新闻。

⑤ 资料来源：BBC网站新闻。

⑥ 同注释④。

⑦ 同注释⑤。

⑧ 资料来源：Cardiff Council. The Cardiff Economy and Labour Market[R]. Cardiff: Cardiff Council, 2018。

⑨ 同注释⑧。

参考文献

[1] Daunton, M. J. Coal Metropolis: Cardiff 1870-1914[M]. Leicester: Leicester University Press, 1977.

[2] Cardiff Council. Cardiff Local Development Plan: 2006-2026: Adopted Plan[R]. Cardiff: Cardiff Council, 2016.

[3] Hooper, A. and Punter, J. Capital Cardiff, 1975-2020: Regeneration, Competitiveness and the Urban Environment[M]. Cardiff: University of Wales Press, 2006.

[4] Waite, D. City Profile: Cardiff and the Shift to City-regionalism[J]. Cities, 2015(48):21-30.

[5] 于立 . 城市复兴——英国卡迪夫的经验及借鉴意义 [J]. 国外城市规划，2006（21）：23-28.

[6] 同参考文献 [3].

[7] 同参考文献 [3].

[8] 同参考文献 [3].

[9] 杨震，于丹阳 . 英国城市设计 :1980 年代至今的概要式回顾 [J]. 建筑师，2018(1)：58-66.

[10] 同参考文献 [3].

[11] 同参考文献 [3].

[12] 约翰·彭特 . 城市设计及英国城市复兴 [M]. 孙璐，李晨光，徐苗，杨震，译 . 武汉：华中科技大学出版社，2016.

[13] 同参考文献 [3].

[14] 同参考文献 [3].

[15] 同参考文献 [2].

[16] Welsh Assembly Government. People, Places, Futures: The Wales Spatial Plan Update 2008[R].Cardiff: National Assembly for Wales, 2008.

[17] M&G Barry Consulting. A Cardiff Capital Region Metro: Impact Study-Executive Summary[R/OL]. wales 政 府 网站 .

[18] Guoyan, Z., Menglin, T. and Xinyan, Z. A Research on the Intra-Regional Accessibility and Economic Development in the Cardiff City Region[J]. China City Planning Review, 2014(23): 16-25.

[19] 同参考文献 [16].

[20] Office of the Deputy Prime Minister. A Framework for City-Regions Working Paper 1[R]. London: Office of the Deputy Prime Minister, 2006.

[21] Beaney, C., Lawrie, L., Rees, O., Bufton, G. Bolton, K. A Map for Wales. Part One: Spatial Expressions of Government Policies and Programmes[R/OL]. rtpi.org.uk 网站 .

[22] 同参考文献 [20].

[23] 同参考文献 [3].

[24] 同参考文献 [3].

[25] Colantonio, A. and Dixon, T. Urban Regeneration & Social Sustainability: Best Practice from European Cities[M]. New Jersey: Wiley Blackwell, 2011.

[26] Welsh Government. Labour market statistics for households, 2017[R/OL]. gweddill.gov 网站 .

[27] 同参考文献 [16].

图片来源

图 9.1：维基百科"Cardiff"词条图片。

图 9.2：上：参 考 文 献 [3]，下：Cardiff Council. Cardiff Local Development Plan Preferred Strategy[R]. Cardiff: Cardiff Council, 2012。

图 9.3：作者绘制。

图 9.4：参考文献 [3]。

图 9.5：参考文献 [3]。

图 9.6：参考文献 [3]。

图 9.7：拍摄者 Clint Budd，维基百科"Millennium Stadium"词条图片。

图 9.8：参考文献 [3]。

图 9.9：作者绘制，底图来自 Google Maps。

图 9.10：作者绘制，底图来自 Google Maps。

图 9.11：参考文献 [2]。

图 9.12：参考文献 [2]。

图 9.13：左：Hewitt Studios 网站图片，右：Knight Frank 网站图片。

图 9.14：参考文献 [16]。

图 9.15：Cardiff Council. Meet Cardiff Capital Region[R]. Cardiff: Cardiff Council, 2016。

图 9.16：参考文献 [17]。

图 9.17：Foster + Partners 网站图片。

图 9.18：Caridff Central Square 网站图片。

第10章
从"煤炭大都市"到"首府卡迪夫"之二——卡迪夫海湾区城市更新

"我们不能舍弃海湾区去审视卡迪夫，它是城市的中心……我们想要让人们回到这里生活、工作、游玩。"

卡迪夫中心区更新从 20 世纪 60 年代起贯穿至今，有效改善了中心区的形象、恢复了内城活力。但卡迪夫另一重要地段海湾区却长期处于破败状态，它的更新决议经历了四年政治博弈、五轮议会否决和威尔士长官克里克·豪厄尔爵士（Roger Nicholas Edwards, Baron Crickhowell）的辞职威胁①，他由衷地发出上述感叹，反映出海湾区在城市发展和市民生活中的重要地位。20 世纪 80 年代后期，海湾区正式启动更新计划，继市中心区之后成为卡迪夫城市更新的又一核心内容。

10.1　海湾区更新背景

海湾区的更新动力可总结为以下两点：一是自身衰败寻求发展，二是公私合作背景下的政策推动。首先，海湾区有超过 1 000 公顷的土地是老工业用地和码头区，20 世纪初，卡迪夫港口贸易没落，最终导致 1964 年西布特码头（Bute West Dock）关闭，1970 年东布特码头（Bute East Dock）关闭，码头区逐渐被废弃。海湾区就业水平因此受到猛烈冲击，人口持续外流。为扭转海湾区发展的颓势，卡迪夫市政府于 20 世纪 60 年代至 80 年代启动了一些针对海湾区重点地段的物质环境更新工作，但因缺乏区域层面的战略指导，更新工作未对城市发展产生显著影响。其次，进入 20 世纪 80 年代后，英国保守党政府为推行公私合作下的城市更新，在全英范围内成立了 13 家城市开发公司（Urban Development Corporations，UDC），与当地政府合作开展城市更新工作。卡迪夫海湾区被指定为威尔士 UDC 的运作地区，并成立 UDC 的次级运作机构卡迪夫海湾城市开发公司（Cardiff Bay Development Corporation，CBDC），确立了区域层面的更新主体，就此拉开了海湾区整体更新的帷幕。

CBDC 成立于 1987 年，运营时间共计 13 年。它在运营期间的更新工作显著改善了海湾区的物质环境，一定程度上提升了城市形象。但也有学者指出，海湾区的城市更新加剧了卡迪夫的"社会排斥、社会碎片化、机动车依赖"[1]等问题，未能对城市发展产生深层次的影响。此外，城市更新使人口不断涌入卡迪夫，对住宅的数量与质量提出了升级要求。海湾区在 CBDC 运营期间及之后均进行了不同程度的住宅开发，并在不同时期具有不同的特点与影响。本章将对 CBDC 的运作机制、更新策略，以及海湾区的更新内容作出详细介绍，以期对海湾区的更新进行综合评价。

10.2　卡迪夫海湾城市开发公司（CBDC）

　　UDC是英国中央政府为推动城市开发而专门设立的非政府部门半官方机构（Quango），在当时撒切尔政府"市场主导"（market-led）的政策指导下建立。最早的两家UDC成立于1981年，分别为伦敦道克兰开发公司（London Docklands Development Corporation）和利物浦默西塞德城市开发公司（Merseyside Development Corporation）。UDC直接受中央政府资助，一般拥有较高的地方规划决策权力，主要工作目标在于吸引私人投资以推进公私合作下的城市开发。

　　威尔士本地的CBDC在组织运作方面效仿伦敦道克兰开发公司，利用土地征购许可、基础设施建设等公共投资手段，借助杠杆作用以吸引私人投资。具体到海湾区更新，CBDC预计运营费用共12亿英镑（2001年统计的实际花费约为18亿英镑[2]），用于堤坝建设与维护、交通设施建设、土地征购等项目[3]（表10.1），还有对"旗舰项目"的直接补贴等[4]。开发策略方面，CBDC又借鉴美国巴尔的摩港"房地产开发主导"（property-led）的更新模式，期望创造出对私人投资具有吸引力的环境。CBDC在海湾区的具体做法包括建造大量的"标志性建筑"与"设计师空间"、建设高质量基础设施网络、设置街头公共艺术品等[5]，以此吸引周边富裕的居民和来往的游客在此消费，从而推动海湾区的经济发展。

表10.1　CBDC预期完成的更新目标及完成情况

更新要素	预期目标	截至2000年3月的完成数量及完成比例	2000年最终完成数量及完成比例
投资（亿英镑）	12	10.65（89%）	18.15（151%）
就业数（个）	29 000	13 270（47%）	31 000（107%）
居住单元数（个）	6 000	3 130（52%）	5 780（96%）
非居住空间（千平方米）	1.147	0.532（46%）	1.349（118%）
开放空间（公顷）	54	57（106%）	81（150%）

　　与其他UDC相比，CBDC在三方面有较显著的特点[6]：

　　①CBDC是唯一将规划决策权留给当地政府部门的城市开发公司，规划部门与CBDC共同制定海湾区开发政策、人员配置等，CBDC介入的开发项目也均需向政府申请规划许可。

　　②CBDC管理层由市级政府卡迪夫市议会（Cardiff City Council）与地区级政府南格拉摩根郡议会（South Glamorgan County Council，卡迪夫市当时是格拉摩根郡政府所在地）成员共同组成，主席团的13名成员中包括2名市议会成员、2名郡议会成员[7]，双方部门借助CBDC的平台形成了良好的协作关系，确保海湾区更新顺利进行。

　　③CBDC始终强调海湾区更新中"设计"的作用，在其他城市开发公司纷纷放松开发控制之时，CBDC通过出台更新策略、制订设计导则、成立设计审查专家小组等手段，致力于实现开发项目中的优质设计。

10.3　海湾区更新内容

10.3.1　更新策略与目标转变

　　CBDC成立后，将卡迪夫南部所有滨水区域纳入更新范围，总计面积1 123公顷，约占卡迪夫市建成面积的六分之一，并将这一区域整体命名为卡迪夫海湾区（Cardiff Bay）[8]（图10.1）。CBDC意在通过海湾区更新将卡迪夫打造为"可与世界上其他类似城市比肩的卓越海滨城市"。为实现这一愿景，CBDC在成立之初即确立了七个更新目标：①最大限度地吸引私人投资；②重新结合滨水区与城市中心；③改善海湾区环境质量，使人们乐于在此居住、工作、游憩；④在各类投资中实现最高标准的设计质量；⑤提倡混合开发，满足公众意愿，创造广泛的就业机会；⑥鼓励住宅建

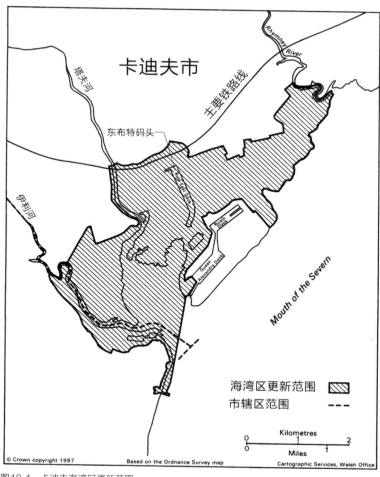

图10.1　卡迪夫海湾区更新范围

设，为社会各阶层人群提供住宅；⑦将海湾区打造为卓越的城市中心及城市更新领域的创新基地[9]。可以看出，这七个目标涵盖了物质改造、住宅建设、设计质量控制、公众参与等多个方面，显示出CBDC的极大野心。

为实现以上目标，CBDC于1988年发布了第一版海湾区更新策略。此时的海湾区仍是卡迪夫工业场地最密集的区域之一，除强制将部分工业企业搬迁至郊区外，海湾区内仍保持了较高的工业密度。因此在规划新建的100万平方米建筑面积中，40%用于商务商业，其余的60%仍用于工业；更新预计提供6 000套住宅，其中包括25%的可支付住宅[10]；更新策略还将海湾区划分为17个"主题区"，提出了一系列活动场景，包括海港别墅、滨水公园、海事遗迹中心等，并对其中9个分区制订了设计和开发纲要以保证设计质量[11]。此版规划中，海湾区的东西连接完全依赖城市外环道路，使得除轿车以外的出行方式变得不切实际（图10.2）。更新策略希望在保持海湾区作为传统工业聚集地的基础上，引入商务办公以吸引国际投资。但因20世纪80年代末全英范围内的房地产市场萧条，该方案并未得到实施。

1990年，CBDC修改了上一版更新策略，对各功能容量进行调整，使得至1992年为止，场地内的工业面积减少了39%、商务办公面积增加了50%、公共空间面积减少了10%[12]，开发重点转变为创造能吸引更多投资的办公空间，显示出更加"市场导向"的开发倾向。但CBDC未能准确预测卡迪夫的当地投资环境，在这两版策略中预计的巨大商务容量超出了卡迪夫是只有30万人口的小城市的实际情况[13]。与上一版相似，此版策略的推进也并不顺利。截至1994年，只有20%的办公面积、25%的住宅单元建成或在建[14]；原定10年完成的更新计划也被官方更改为15~20年完成。过高的成本投入、不够稳定的投资环境、CBDC结束运营后海湾区更新前景不明确等问题浮出水面，阻碍了更新进程的推进与民众满意度的提升。此外，CBDC还于1990年制定了《优化城市质量策略》（Policies for Urban Quality），对场地规划、公共环境设计以及建筑单体设计作出了规范。该文件作为海湾区更新的导则性文件，显示出CBDC对设计质量的一贯

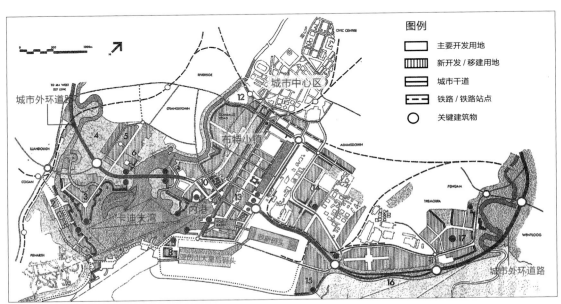

图10.2　1988年卡迪夫海湾城市开发公司（CBDC）发布的第一版卡迪夫海湾区更新策略

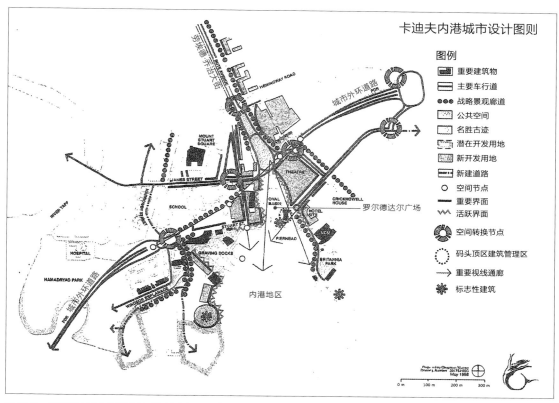

图10.3　1996年卡迪夫海湾城市开发公司（CBDC）发布的新一版海湾区更新策略

重视。但因CBDC不具备最终的规划决策权，该文件的影响力十分有限。

因1990年更新策略在吸引投资上的疲软表现，CBDC于1996年重新制定了一个相对宽松、更加具备实用主义的开发框架。新版策略由公路建设主导，规划了复杂的路网体系，在海湾区内形成了适宜轿车出行的交通环境，削弱了原先策略中对街道布局、用地功能混合、优化步行系统等城市设计方面的考量（图10.3）。CDBC在此时期开始鼓励开发商兴建更高密度的住宅，而放松了对住宅质量及社区建设的控制。这一版策略的出台意味着海湾区更新走向了完全的"市场主导"模式，CBDC在与房地产市场的博弈中逐渐减弱了对设计质量的坚持。

1996年，卡迪夫政府部门改组，取消了原市议会与南格拉摩根郡议会，成立卡迪夫郡议会（County Council of the City and County of Cardiff），作为市辖区范围内的地方政府。CBDC正式结束运营后，也主要由卡迪夫郡议会接管海湾区更新工作[15]。1999年，卡迪夫市规划部门重组，城市更新中规划的统筹管控作用不断下降，开发控制进一步放松。在提高城市竞争力及城市区域政策的指导下，海湾区启动了数个巨型工程以打造城市品牌，包括卡迪夫国际体育村（Cardiff International Sports Village）、罗斯贝森广场改造（Roath Basin）等。但这些项目的开发受到资金来源、政治偏好的牵制，或未完全建成，或建成质量良莠不齐，国际体育村至今烂尾，成为海湾区滨海地段的一块"伤疤"。

10.3.2　住房政策与海湾区住宅开发

　　海湾区作为卡迪夫的传统居住地及城市更新核心地段，是直面城市住宅压力的最主要区域。CBDC成立之初便雄心勃勃地确立了新建6 000套住宅及25％的可支付住宅、在"适当地点重建、修缮2 000套老旧住宅"[16]的目标，并贯穿海湾区更新的整个时期。20世纪90年代中期，为应对人口的持续增加及房地产市场的回暖，海湾区的开发重点逐渐由商务商业开发转移至住宅供给。此时的海湾区更新中，房地产开发已基本占据主导地位，CBDC在设计控制方面式微，使得住宅开发多以高密度板楼公寓为主，并在海湾区外围建设了大规模的门禁社区，设计上却逐渐抛弃了邻里社区与居住混合等概念，对街道风貌、建筑细部等方面的开发控制也被开发商忽视[17]。21世纪海湾区的住宅建设仍在继续，并成为1999—2006年卡迪夫主要的住宅开发区域[18]。总体而言，海湾区的住宅建设在数量上达到了CBDC的预期目标，在可支付住宅比例方面甚至超过了原目标；但在公平性、包容性等社区建设方面却考虑甚少，具体表现在世纪码头等全封闭社区的建设（图10.4），以及布特小镇（Bute Town）等多族裔群体社区贫困问题解决不力等方面（详见10.4.2部分）。

　　CBDC运营结束后，卡迪夫市于2000年出台《地方政府提案》（The Local Government Act of 2000），赋予当地政府权力和义务来准备社区发展战略。受这一政策影响，卡迪夫于2004年出台了《地方住宅战略》（Local Housing Strategy，LHS），用以指导卡迪夫未来五年的住宅建设。文件重点关注两项内容：新建可支付住宅、提升现有及新建住宅的质量。针对这两项内容，威尔士与卡迪夫政府又陆续推行了一系列相关举措：2004年建立威尔士住宅健康与安全评价体系、同年出台《威尔士住宅质量标准》（Welsh Housing Quality Standard），2005年建立了"可支付住宅工具箱"（Affordable Housing Toolkit）、出台可支付住宅技术建议手册等；此外，还针对城市区域政策建立了东南威尔士住宅论坛（South East Wales Regional Housing Forum）[19]。文件指出，以上两项内容都应在承认卡迪夫多族裔、多阶层混居，以及现存居住隔离及社会隔离的实际情况下推进，相比于CBDC时期一味追求经济效益而主观忽视社区问题的做法，这一认识更为进步。海湾区所在的南部是卡迪夫少数族裔数量与比例最高、整体最为贫困的地区[20]，因此卡迪夫政府在南部划定了四个少数族裔居住区作为"社区优先试点"，期望利用住房与社区建设来解决社会落后、经济贫困的问题，其中就包括海湾区的布特小镇。2010年，市政府启动了对布特小镇中心街区

图10.4　世纪码头现状照片

图10.5 劳登广场更新计划

劳登广场（Loudoun Square）的更新计划，共投入1 300万英镑，计划新建艺术与健康中心、文化与媒体中心、社区中心、11个零售店面及61套可支付住宅[21]，期望为其他社区更新做出典范（图10.5）。

进入21世纪，海湾区的可开发用地不断减少，但城市范围内的住宅需求仍在上涨（2015年各类型住宅缺口约1万套，并以每年约2 000套的速度增长，2015—2020年的可支付住宅缺口约为每年2 000套）[22]，因此住宅开发的压力便转移到了城市的其他区域。卡迪夫政府于2016年出台了又一个为期五年的《地方住宅战略》，通过详细到街道层面的划分，确定了七个住宅开发战略区、五个可支付住宅开发地及数十个社会权属住宅开发地（图10.6）。可以明显看出，新增住宅战略区多分布在城市外围，处于城市与自然环境的交界地带。早前海湾区与市中心区的住宅建设多在已开发土地或"棕地"上进行，除小部分滨海地段的住宅区呈现出侵占边

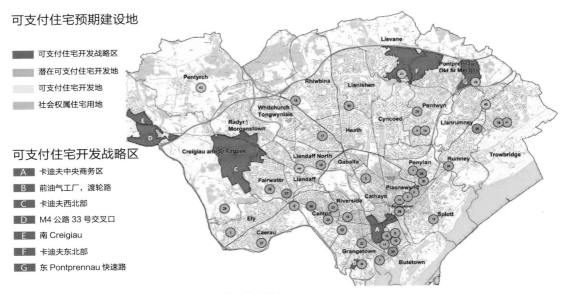

可支付住宅预期建设地

■ 可支付住宅开发战略区
▨ 潜在可支付住宅开发地
▨ 可支付住宅开发地
▨ 社会权属住宅用地

可支付住宅开发战略区

A 卡迪夫中央商务区
B 前油气工厂，渡轮路
C 卡迪夫西北部
D M4 公路 33 号交叉口
E 南 Creigiau
F 卡迪夫东北部
G 东 Pontprennau 快速路

图 10.6　2016 年《地方住宅战略》划定的可支付住宅预期建设地

图 10.7　君主码头及渡轮角住宅区侵占绿地和海滩

缘绿地和海滩的现象外[如君主码头（Sovereign Quay）及渡轮角（Ferry Court）上的居住区]，大部分都
处于城市现有肌理内部（图 10.7）。但 2016 年战略中的新开发用地则更多呈现出侵占城市边缘绿地的态势，
因此今后卡迪夫的住宅开发会更多体现出当地政府对"扩张式开发"与保存城市外围绿地之间的取舍态度。
　　纵观海湾区更新策略的转变，可以看出其缺乏贯彻始终的开发重点与规划框架，这在一定程度上造成了
空间开发的碎片化，重点项目也呈现出空间与时间上的不连贯。下文选取部分标志性项目进行详细介绍。

10.4　标志性项目与成果

10.4.1　拦海堤坝

卡迪夫湾拦海堤坝（Cardiff Bay Barrage）工程由CBDC在1987年正式提出，是海湾区更新的启动工程与核心内容。改造前海湾区入海口污染严重，每天两次的潮汐将海湾内受污染的淤泥海滩完全暴露出来，这一环境很难对投资方形成吸引力[23]。因此，20世纪80年代初，威尔士高层决定在伊利河与塔夫河的入海口建设拦海堤坝阻挡潮汐，并灌注河水，覆盖原有淤泥海滩。新建堤坝位于既有海岸线之外，宽度25米，总长度约1.2公里，建设完成后将在原入海口形成一处占地约200公顷的淡水港湾[24]（图10.8）。

虽然堤坝的建成会有效改善海湾区的自然环境，并预计可提供约1.6万个工作岗位，但仍遭到诸多反对。环保组织抗议淡水港湾覆盖了原为野生鸟类觅食地的淤泥海滩；海湾区居民则抗议称，堤坝建成后造成的地下水位上涨、海岸线水位上升会危及海湾区低地及滨水区住宅的安全[25]。除此之外，时任首相撒切尔、威尔士个别高层也极力反对堤坝建设，认为这一工程会耗费巨资，且无法为卡迪夫带来任何经济收益。这一担忧最终得到部分验证：截至2000年，堤坝的建设费用已高达4亿英镑，年均维护运营费用则高达1 200万英镑[②]。

图10.8　卡迪夫湾拦海堤坝

　　由于持续的反对与抗议活动，堤坝的建设方案直到1993年才获得英国议会通过，并形成文件《1993卡迪夫湾拦海堤坝提案》（Cardiff Bay Barrage Act of 1993）。堤坝于1994年开工建设，最终于1999年11月完成。堤坝建成后，在淡水港湾沿岸额外提供了约12公里长的滨水地带可供开发[26]；除车行道外，2008年还开放了贯穿堤坝的步行道与自行车道，形成了一条从卡迪夫到达相邻城市珀纳斯（Penarth）的捷径，比从海湾区内部通行的距离缩短约3.2公里，并可免受内部道路交通拥堵的困扰。现今拦海堤坝仍在正常运作，已成为卡迪夫海湾区市政工程的重要组成部分。

10.4.2　劳埃德·乔治大街与周边住宅

　　CBDC设立的七个目标中，专门提出应加强海湾区与市中心区的联通性。布特街（Bute Street）所在地段向北连接市中心区，向南直达滨水岸线，因此在更新设计中将布特街拓宽，保留了旁边废弃的铁轨，通过连续的墙体将布特街和废弃铁轨分隔开来；在铁轨东侧新增一条绿化带，并开辟双向四车道的街道劳埃德·乔治大街（Lloyd George Avenue），由此形成了一条连接南北的机动车景观大道。此条道路加强了中心区与海湾区的机动交通连接，但因尺度过大、公共交通设施不完善而对人行十分不友好。2007年的数据

图10.9　劳埃德·乔治大街成为"隔离带"，割裂东西两侧区域的联系

显示，在往返海湾区工作的通勤量中，93％由私家车完成[27]，加剧了停车问题与污染问题。此外，因原规划中替换铁轨的有轨电车未成功建设（东南威尔士快轨项目的一部分），其旁边的绿化带又过于宽阔却没有实际用途，劳埃德·乔治大街因此成为单面沿街的车行道路，东侧的新建住宅区也沦为"舞台布景"般的存在；绿化带与铁路共同构成了30多米的"隔离带"，从空间上割裂了两侧区域（图10.9）。

　　位于劳埃德·乔治大街西侧的，是前文提及的布特小镇。19世纪中期，因港口贸易的发展，这里吸引了来自非洲、中东等多个地区的各族裔人群居住，种族冲突与社会隔离也成为它的历史特质。布特小镇在地理上较为孤立：西侧的塔夫河（River Taff）、东侧的码头区以及北侧的铁轨将它与城市其他部分进行了空间分隔。因此当卡迪夫的港口贸易衰落之后，布特小镇遭受了较其他区域更为严重的城市问题，并因此加剧了其内部的种族对立。1960年，威尔士政府正式启动布特小镇的更新计划，确定更新策略为整体拆除与规划重建，开发项目以公共住宅为主，服务对象为区域内原有的各族裔低收入人群[28]。CBDC成立时，该区域已基本完成住宅建设与居民安置，因此CBDC只对内部的楼房与基础设施进行了一定程度的修缮，其他物质环境直到2010年的劳登广场更新时才作出改进。

　　与布特小镇隔劳埃德·乔治大街对望的是大西洋码头区（Atlantic Wharf），是CBDC成立后新建的居住区及郡议会大楼（County Hall）所在地。居住区内均为私人产权住宅，整体较新，建筑风格明显区别于布特小镇内的公共住宅。郡议会大楼建成于1988年，为多层重檐坡屋顶建筑，四边围合形成内部庭院。建筑内除包含政府办公空间外，还包含餐饮、酒吧、多功能套房等对外服务空间，开放性较高（图10.10）。

图10.10　郡议会大楼

可以看出，劳埃德·乔治大街东、西两侧区域内的人群在收入、种族构成、社会阶层等方面差异巨大，CBDC成立后也未曾着力解决社区问题（UDC均只投入所有预算的1%左右进行社区建设）[29]，劳埃德·乔治大街的建成则从物质环境方面加剧了两侧居民的社会隔离。迄今为止，东侧住宅区销售惨淡，西侧布特小镇则仍是卡迪夫市内最为贫困的居住区[30]。

10.4.3　罗尔德达尔广场及周边地区

罗尔德达尔广场（Roald Dahl Plass）位于劳埃德·乔治大街最南端的滨水区，与卡拉翰广场（Callaghan Square）形成了市中心区与海湾区连线的南北两端城市节点。广场原名为奥弗尔贝森（Oval Basin，意即"椭圆形盆地"），正式建成开放于2000年，2002年改名为罗尔德达尔广场。广场为椭圆形下沉开放空间，由照明柱环绕周围，常举办室外音乐会及其他市民活动，整体氛围活跃。广场北侧入口放置标志性雕塑"水塔"（Water Tower），"水塔"总高21米，有间歇性的水流沿金属塔身流下，成为广场入口的引导性景观；南侧滨水广场放置另一标志性雕塑"凯尔特人环"（Celtic Ring），整体半人高，面对轴线方向开口，与北端高大的"水塔"形成对景与空间联系。广场轴线总长约220米，向南直抵海面，向北则在劳埃德·乔治大街的末尾被三条城市车行道切断，阻隔了市中心区到滨水区的景观与人行联系；三条道路围合形成的三角形地带内只设置一栋建筑，场地内又被尴尬地划分出折线形的步行通道，反而凸显了人行穿越马路与轴线偏移的问题（图10.11）。

图10.11　劳埃德·乔治大街与罗尔德达尔广场的区位关系

图10.12 从卡迪夫湾上空俯瞰罗尔德达尔广场及周边地区

图10.13 千禧中心主立面

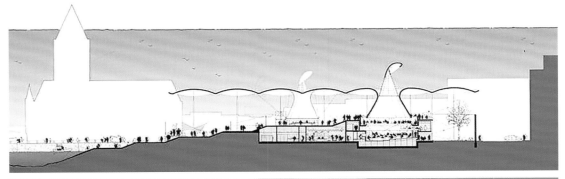

图10.14　议会大楼与前区广场

　　广场周边分布着美人鱼码头购物中心（Mermaid Quay）、威尔士千禧中心（Wales Millennium Cen-tre）、威尔士议会大楼（The Senedd）等标志性更新项目（图10.12），其中以后两者的设计质量及受认可程度最高。千禧中心开放于2002年，是卡迪夫最主要的艺术演出场所。建筑主入口面向西侧广场轴线，体量由贝壳形金属穹顶统摄，并由多层平屋顶楼房围合出连贯的街区立面（图10.13）。1995年，卡迪夫为这一项目举办设计竞赛，最初由扎哈·哈迪德事务所（Zaha Hadid Architects）胜出，但最终因政治与资金原因被撤换为现有方案。现方案强调通过建筑表现"威尔士特点"，利用反映卡迪夫历史的石板、钢铁、玻璃等材料凸显可识别性。议会大楼是威尔士议会的办公场所，建筑面积约5 300平方米，由理查德·罗杰斯事务所（Rogers Stirk Harbour + Partners）于1997年设计，2006年完工开放。建筑主体立面均为透明玻璃（隐喻威尔士政治的公平与透明），上架钢屋顶和木质天花板，并在主入口处向前延伸形成挑高的前区广场，使得建筑内使用者可眺望海湾景色，同时对广场人群形成欢迎之势（图 10.14）。该项目也是全威尔士BREEAM评级最高的建筑，可比普通建筑节能30%~50%[③]。

罗尔德达尔广场连同周边的标志性建筑形成了海湾区的活力焦点，对周边居民及游客具有较高吸引力，是较为成功的城市设计案例。但广场周围建筑界面不连贯，围合较弱，未对广场形成有力限定。此外，广场并未直接联系市中心区与海湾区的人行交通，车行道路及其交叉口又将这一区域切割得十分零碎，造成车流的大量汇集，给海湾区内部交通带来压力。

10.5　本章小结

对比CBDC提出的七个目标（参见10.3.1），可从拉动投资、物质建设、社会发展这三个方面对海湾区更新的成果进行评价。首先，CBDC在吸引私人投资、推动公私合作进行城市开发方面取得了一定成效，在其运营期间达成了公共与私人投资1:2.38的比例（1份公共投资可以吸引2.38份私人投资），但这一比例仍远低于1:3.6的UDC平均水平[31]。其次，CBDC针对物质环境改造完成了大量工作，包括建设诸多标志性建筑与场所、制定设计导则与规范、成立设计审查专家小组、建设劳埃德·乔治大街与城市外环道路等。但总体上来说，此方面更新表现出"单体上乘，整体环境改造较差"的特点。具体表现为空间破碎、缺乏整体城市设计、公共交通与步行可达性差等问题。最后，和其他城市开发公司一样，CBDC也因其在社区建设、居民生活质量提高等方面的不足与失败而受到广泛批评，并将此类问题遗留至今。具体来说，CBDC未成功创造出预期的工作岗位数量，且因后期住宅的大量建设挤占了办公、旅游空间，使相关岗位数减少[32]。住宅建设方面，海湾区更新虽在早期完成了31%的可支付住宅比例，超过更新策略的规定，但1996年之后的居住建筑开发多以"高尚住宅"为主，开发商压低了经济适用房的比例，造成可支付住宅比例降低到14%[33]；同时，一味提高建筑密度而忽视设计质量，导致配套设施不足、邻里感缺乏等问题，反而加重了海湾区内的居住隔离与社会隔离；高价住宅的过度开发造成房价上扬、空置率居高不下，也成为区域未来发展的一大隐患。2016年以后的住宅开发与管理趋于精细化，但种族矛盾与贫困仍是海湾居住区面临的首要问题。

卡迪夫海湾区内的更新进程现已告一段落。尽管外界对海湾区更新成果的评价存在着较大的分歧，但卡迪夫政府仍将其宣传为英国最成功的城市更新计划之一。现今，海湾区是威尔士重要的旅游目的地、主要的就业提供地、卡迪夫的标志性场所。卡迪夫的城市开发速度较20世纪已有所放缓，而且受到"脱欧"等大事件的影响，城市未来的发展态势存在着诸多变数。但可以肯定的是，海湾区的空间品质仍有提升空间，与城市其他区域的连接仍可进一步加强，也希望卡迪夫未来的发展诚如其设立的目标一般：繁荣、宜居、激动人心。

注 释

① 资料来源：BBC 网站新闻。

② 资料来源：BBC 网站新闻。

③ BREEAM：Building Research Establishment Environmental Assessment Method，英国建筑研究所环境评估法，简称 BREEAM。它是一种建立在可持续标准之上的建筑性能定量评价体系。评价内容包括能源消耗、污染、材料、废物处理、建筑管理等。评价结果包括"通过"（pass）、"良好"（good）、"优秀"（very good）、"卓越"（excellent）、"杰出"（outstanding）五个等级。至今已有 50 多个国家、25 万座建筑使用此评价体系。

参考文献

[1] John Punter. Design-led Regeneration? Evaluating the Design Outcomes of Cardiff Bay and their Implications for Future Regeneration and Design[J]. Journal of Urban Design, 2007(12): 375-405.

[2] Colantonio, A. and Dixon, T. Urban Regeneration & Social Sustainability: Best Practice from European Cities[M]. New Jersey: Wiley Blackwell, 2011.

[3] GwynRowley. The Cardiff Bay Development Corporation: Urban Regeneration, Local Economy and Community[J]. Geoforum, 1994(25): 265-284.

[4] 同参考文献 [1].

[5] Hooper, A. and Punter, J. Capital Cardiff, 1975-2020: Regeneration, Competitiveness and the Urban Environment[M]. Cardiff: University of Wales Press, 2006.

[6] 同参考文献 [5].

[7] 同参考文献 [3].

[8] 同参考文献 [3].

[9] 同参考文献 [1].

[10] 同参考文献 [1].

[11] 同参考文献 [3].

[12] 同参考文献 [3].

[13] 同参考文献 [5].

[14] 同参考文献 [2].

[15] 同参考文献 [2].

[16] 同参考文献 [3].

[17] 约翰·彭特. 城市设计及英国城市复兴 [M].孙璐,李晨光,徐苗,杨震,译.武汉：华中科技大学出版社，2016.

[18] 同参考文献 [1].

[19] 同参考文献 [5].

[20] Cardiff Council. Local Housing Strategy 2004-2009[R]. Cardiff: Cardiff Council, 2004.

[21] Crew: Regeneration Wales. Loudoun Square, Butetown, Cardiff: Case Study[R/OL]. regenwales.org 网站 .

[22] Cardiff Council. Cardiff Housing Strategy 2016-2021[R/OL]. cardiff 官网 .

[23] 同参考文献 [1].

[24] Jussi S. Jauhiainen. Waterfront Redevelopment and Urban Policy: The Case of Barcelona, Cardiff and Genoa[J]. European Planning Studies, 1995(3): 3-23.

[25] 同参考文献 [2].

[26] 同参考文献 [2].

[27] 同参考文献 [5].

[28] Welsh A Level Working Party. Cardiff Bay A Level Field Work[R/OL]. resources.hwb.wales.gov.uk 网站 .

[29] 同参考文献 [3].

[30] 同参考文献 [20].

[31] 同参考文献 [5].

[32] 同参考文献 [5].

[33] 同参考文献 [17].

图片来源

图 10.1：Legislation.gov.uk 网站图片。

图 10.2：参考文献 [5]。

图 10.3：参考文献 [5]。

图 10.4：Century Wharf 网站图片。

图 10.5：上：参考文献 [21]，下：拍摄者 Alan Hughes，维基百科"Loudoun Square"词条图片。

图 10.6：参考文献 [22]。

图 10.7：作者绘制，底图来自 Google Maps。

图 10.8：作者绘制，底图来自 Google Maps。

图 10.9：作者绘制，底图来自 Google Maps。

图 10.10：拍摄者 M J Richardson，维基百科"County Hall, Cardiff"词条图片。

图 10.11：作者绘制，底图来自 Google Maps。

图 10.12：作者绘制。

图 10.13：拍摄者，王坤。

图 10.14：维基百科"Senedd"词条图片。

表 10.1：参考文献 [1]。

附录　图表目录

图目录

表目录